教育部高等学校信息安全专业教学指导委员会
中国计算机学会教育专业委员会　共同指导

网络空间安全重点规划丛书

顾问委员会主任：沈昌祥　编委会主任：封化民

网络空间安全数学基础

杨　波　编著

清华大学出版社
北京

内 容 简 介

本书全面系统地介绍网络空间安全所用到的数学知识,分为 3 部分,共 12 章。第 1 部分为数论,包括第 1～6 章,分别介绍整除、数论函数、同余、同余方程、二次同余方程、原根和指标;第 2 部分为代数系统,包括第 7～9 章,分别介绍代数系统和群、环和域、有限域;第 3 部分为网络空间安全的实用算法,包括第 10～12 章,分别介绍素性检验、整数分解、离散对数。

本书概念清晰,结构合理,讲解通俗易懂,内容深入浅出,适合作为高等学校网络空间安全、信息安全等专业本科生和研究生的教材,也可作为相关领域专业人员的参考读物。

图书在版编目(CIP)数据

网络空间安全数学基础/杨波编著. —北京:清华大学出版社,2020.2(2025.3重印)
(网络空间安全重点规划丛书)
ISBN 978-7-302-54817-1

Ⅰ. ①网… Ⅱ. ①杨… Ⅲ. ①计算机网络－网络安全－应用数学 Ⅳ. ①TP393.08 ②O29

中国版本图书馆 CIP 数据核字(2020)第 006079 号

责任编辑:张　民　战晓雷
封面设计:常雪影
责任校对:焦丽丽
责任印制:杨　艳

出版发行:清华大学出版社
　　　　网　　　址:https://www.tup.com.cn, https://www.wqxuetang.com
　　　　地　　　址:北京清华大学学研大厦 A 座　　　　邮　　编:100084
　　　　社 总 机:010-83470000　　　　邮　　购:010-62786544
　　　　投稿与读者服务:010-62776969, c-service@tup. tsinghua. edu. cn
　　　　质量反馈:010-62772015, zhiliang@tup. tsinghua. edu. cn
　　　　课件下载:https://www.tup.com.cn,010-83470236

印 装 者:三河市人民印务有限公司
经　　销:全国新华书店
开　　本:185mm×260mm　　印　张:10　　字　数:226 千字
版　　次:2020 年 5 月第 1 版　　印　次:2025 年 3 月第 6 次印刷
定　　价:35.00 元

产品编号:085297-01

网络空间安全重点规划丛书

编审委员会

出版说明

21 世纪是信息时代,信息已成为社会发展的重要战略资源,社会的信息化已成为当今世界发展的潮流和核心,而信息安全在信息社会中将扮演极为重要的角色,它会直接关系到国家安全、企业经营和人们的日常生活。随着信息安全产业的快速发展,全球对信息安全人才的需求量不断增加,但我国目前信息安全人才极度匮乏,远远不能满足金融、商业、公安、军事和政府等部门的需求。要解决供需矛盾,必须加快信息安全人才的培养,以满足社会对信息安全人才的需求。为此,教育部继 2001 年批准在武汉大学开设信息安全本科专业之后,又批准了多所高等院校设立信息安全本科专业,而且许多高校和科研院所已设立了信息安全方向的具有硕士和博士学位授予权的学科点。

信息安全是计算机、通信、物理、数学等领域的交叉学科,对于这一新兴学科的培养模式和课程设置,各高校普遍缺乏经验,因此中国计算机学会教育专业委员会和清华大学出版社联合主办了"信息安全专业教育教学研讨会"等一系列研讨活动,并成立了"高等院校信息安全专业系列教材"编审委员会,由我国信息安全领域著名专家肖国镇教授担任编委会主任,指导"高等院校信息安全专业系列教材"的编写工作。编委会本着研究先行的指导原则,认真研讨国内外高等院校信息安全专业的教学体系和课程设置,进行了大量具有前瞻性的研究工作,而且这种研究工作将随着我国信息安全专业的发展不断深入。系列教材的作者都是既在本专业领域有深厚的学术造诣,又在教学第一线有丰富的教学经验的学者、专家。

该系列教材是我国第一套专门针对信息安全专业的教材,其特点是:

① 体系完整、结构合理、内容先进。

② 适应面广:能够满足信息安全、计算机、通信工程等相关专业对信息安全领域课程的教材要求。

③ 立体配套:除主教材外,还配有多媒体电子教案、习题与实验指导等。

④ 版本更新及时,紧跟科学技术的新发展。

在全力做好本版教材,满足学生用书的基础上,还经由专家的推荐和审定,遴选了一批国外信息安全领域优秀的教材加入系列教材中,以进一步满足大家对外版书的需求。"高等院校信息安全专业系列教材"已于 2006 年年初正式列入普通高等教育"十一五"国家级教材规划。

2007 年 6 月,教育部高等学校信息安全类专业教学指导委员会成立大会暨第一次会议在北京胜利召开。本次会议由教育部高等学校信息安全类专业教学指导委员会主任单位北京工业大学和北京电子科技学院主办,清华大学出版社协办。教育部高等学校信息安全类专业教学指导委员会的成立对我国信息安全专业的发展起到重要的指导和推动作用。2006年,教育部给武汉大学下达了"信息安全专业指导性专业规范研制"的教学科研项目。2007年起,该项目由教育部高等学校信息安全类专业教学指导委员会组织实施。在高教司和教指委的指导下,项目组团结一致,努力工作,克服困难,历时5年,制定出我国第一个信息安全专业指导性专业规范,于2012年年底通过经教育部高等教育司理工科教育处授权组织的专家组评审,并且已经得到武汉大学等许多高校的实际使用。2013年,新一届教育部高等学校信息安全专业教学指导委员会成立。经组织审查和研究决定,2014年,以教育部高等学校信息安全专业教学指导委员会的名义正式发布《高等学校信息安全专业指导性专业规范》(由清华大学出版社正式出版)。

2015年6月,国务院学位委员会、教育部出台增设"网络空间安全"为一级学科的决定,将高校培养网络空间安全人才提到新的高度。2016年6月,中央网络安全和信息化领导小组办公室(下文简称"中央网信办")、国家发展和改革委员会、教育部、科学技术部、工业和信息化部及人力资源和社会保障部六大部门联合发布《关于加强网络安全学科建设和人才培养的意见》(中网办发文〔2016〕4号)。2019年6月,教育部高等学校网络空间安全专业教学指导委员会召开成立大会。为贯彻落实《关于加强网络安全学科建设和人才培养的意见》,进一步深化高等教育教学改革,促进网络安全学科专业建设和人才培养,促进网络空间安全相关核心课程和教材建设,在教育部高等学校网络空间安全专业教学指导委员会和中央网信办组织的"网络空间安全教材体系建设研究"课题组的指导下,启动了"网络空间安全重点规划丛书"的工作,由教育部高等学校网络空间安全专业教学指导委员会秘书长封化民教授担任编委会主任。本规划丛书基于"高等院校信息安全专业系列教材"坚实的工作基础和成果、阵容强大的编审委员会和优秀的作者队伍,目前已有多部图书获得中央网信办与教育部指导和组织评选的"网络安全优秀教材奖",以及"普通高等教育本科国家级规划教材""普通高等教育精品教材""中国大学出版社图书奖"等多个奖项。

"网络空间安全重点规划丛书"将根据《高等学校信息安全专业指导性专业规范》(及后续版本)和相关教材建设课题组的研究成果不断更新和扩展,进一步体现科学性、系统性和新颖性,及时反映教学改革和课程建设的新成果,并随着我国网络空间安全学科的发展不断完善,力争为我国网络空间安全相关学科专业的本科和研究生教材建设、学术出版与人才培养做出更大的贡献。

我们的 E-mail 地址是:zhangm@tup.tsinghua.edu.cn,联系人:张民。

"网络空间安全重点规划丛书"编审委员会

前　言

　　网络空间安全是一个综合、交叉的学科领域，要依赖数学、电子、信息、通信、计算机等诸多学科的长期知识积累和最新发展成果，数学是网络空间安全特别是密码学的核心。

　　本书全面、系统地介绍网络空间安全所用到的数学基础知识，分为3部分，共12章。第1部分为数论，包括第1～6章，分别介绍整除、数论函数、同余、同余方程、二次同余方程、原根和指标；第2部分为代数系统，包括第7～9章，分别介绍代数系统和群、环和域、有限域；第3部分为网络空间安全的实用算法，包括第10～12章，分别介绍素性检验、整数分解、离散对数。

　　本书是作者基于三十多年的课堂教学经验并参考国内外优秀教材完成的。本书概念清晰，结构合理，讲解通俗易懂，内容深入浅出，适合作为高等学校网络空间安全、信息安全等专业本科生和研究生的教材。全书内容的讲授以60学时为宜。若安排48学时，则可去掉第3部分；若安排40学时，还可去掉第9章。

　　本书的编写得到国家重点研发计划（项目编号：2017YFB0802000）、国家自然科学基金（项目编号：61572303，61772326，61802241，61802242）、"十三五"国家密码发展基金（课题编号：MMJJ20180217）的资助，作者在此表示感谢。

　　由于作者水平有限，书中疏漏在所难免，恳请读者批评指正。

作　者

2019 年 12 月

目 录

第1章 整　除

1.1 整除的概念、素数与合数

数论讨论的对象是全体整数。下面以 $\mathbf{Z}$ 表示全体整数 $\{\cdots,-3,-2,-1,0,1,2,3,\cdots\}$ 构成的集合。$\mathbf{N}$ 表示全体正整数(即自然数集合)。

定义 1.1.1　设 $a,b\in\mathbf{Z},a\neq0$。如果存在 $q\in\mathbf{Z}$,使得 $b=aq$,则称 a 整除 b(或称 b 被 a 整除),记为 $a\mid b$。这时称 b 是 a 的倍数,a 是 b 的因数(也称因子或约数)。如果上述 q 不存在,则称 a 不能整除 b,记为 $a\nmid b$。

由定义 1.1.1,0 是所有非 0 整数的倍数。

定理 1.1.1

(1) $a\mid b\Leftrightarrow-a\mid b\Leftrightarrow a\mid-b\Leftrightarrow|a|\mid|b|$。

(2) $a\mid b$ 且 $b\mid c\Rightarrow a\mid c$。

(3) $a\mid b$ 且 $a\mid c\Leftrightarrow$ 对任意的 $x,y\in\mathbf{Z}$,有 $a\mid bx+cy$。

(4) 设 $m\neq0,a\mid b\Leftrightarrow ma\mid mb$。

(5) $a\mid b$ 且 $b\mid a\Rightarrow b=\pm a$。

(6) 设 $b\neq0,a\mid b\Rightarrow|a|\leqslant|b|$。

证明

(1) 由 $a\mid b$,存在 $q\in\mathbf{Z}$,使得 $b=aq$。此时 $b=(-a)(-q),-b=a(-q),|b|=|a|q$。

(2) 由 $a\mid b$ 且 $b\mid c$,存在 $q_1,q_2\in\mathbf{Z}$,使得 $b=aq_1,c=bq_2$。因此 $c=a(q_1q_2)$,即 $a\mid c$。

(3) 证明"$\Rightarrow$"。由 $a\mid b$ 且 $a\mid c$,存在 $q_1,q_2\in\mathbf{Z}$,使得 $b=aq_1,c=aq_2$。则对任意 $x,y\in\mathbf{Z}$,有 $bx+cy=a(q_1x+q_2y)$。

证明"$\Leftarrow$"。取 $x=1,y=0$,则得 $a\mid b$;取 $x=0,y=1$,则得 $a\mid c$。

(4) 当 $m\neq0$ 时,由 $b=aq\Leftrightarrow mb=(ma)q$,即得。

(5) 由 $b=aq_1,a=bq_2$,得 $a=a(q_1q_2),q_1q_2=1$,所以 $q_1=\pm1,q_2=\pm1$。

(6) 当 $b\neq0$ 时,由 $b=aq$,得 $|b|=|a|\,|q|$ 且 $|q|\geqslant1$,所以 $|b|\geqslant|a|$。　　　　证毕。

例 1.1.1　已知 $3\mid n$ 且 $7\mid n$,证明 $21\mid n$。

证明　由 $3\mid n$,存在 $m\in\mathbf{Z}$,使得 $n=3m$,所以 $7\mid3m$。又由 $7\mid7m$,所以 $7\mid(7m-2\cdot3m)$,即 $7\mid m$,即 $m=7q,q\in\mathbf{Z}$,所以 $n=21q,21\mid n$。

例 1.1.2　设 $a=2t-1,a\mid2n$,证明 $a\mid n$。

证明　由 $a\mid2n$ 得 $a\mid2tn$,$2tn=(a+1)n=an+n$。再由 $a\mid2tn$ 及 $a\mid an$ 得 $a\mid(2tn-$

an),即 $a|n$。 证毕。

对于任一非 0 整数 b，± 1 和 $\pm b$ 是它的因数，称为 b 的显然因数。b 的其他因数（如果存在）称为 b 的非显然因数或真因数。

定理 1.1.2 对于任一 $b \in \mathbf{Z}, b \neq 0$，设 $d_1, d_2, \cdots, d_k$ 是它的全体因数，则 $\dfrac{b}{d_1}, \dfrac{b}{d_2}, \cdots, \dfrac{b}{d_k}$ 也是它的全体因数。换句话说，当 d 遍历 b 的全体因数时，$\dfrac{b}{d}$ 也遍历 b 的全体因数。

证明 显然 $\dfrac{b}{d_1}, \dfrac{b}{d_2}, \cdots, \dfrac{b}{d_k}$ 都是整数，由 $b = d_i \cdot \dfrac{b}{d_i}$ 知 $\dfrac{b}{d_i}$ 都是 b 的因子（$i = 1, 2, \cdots, k$），且当 $d_i \neq d_j$ 时，$\dfrac{b}{d_i} \neq \dfrac{b}{d_j}$，所以 $\dfrac{b}{d_1}, \dfrac{b}{d_2}, \cdots, \dfrac{b}{d_k}$ 也是 b 的两两不同的因数。 证毕。

定义 1.1.2 设 $p \in \mathbf{Z}, p \neq 0, \pm 1$，如果 p 除了因数 ± 1 和 $\pm p$ 外没有其他因数，则称 p 为素数（或质数），否则称为合数。

当 $p \neq 0, \pm 1$ 时，p 和 $-p$ 同为素数或合数，所以以后没有特别说明的话，素数总指正数。

定理 1.1.3

(1) 若 $d > 1$，p 是素数且 $d|p$，则必有 $d = p$。

(2) 若 n 是合数，则必存在素数 p，使得 $p|n$。

(3) 满足 (2) 的最小 p 一定满足 $p \leqslant \sqrt{n}$。

证明

(1) 由 $d|p$，存在 $q \in \mathbf{Z}$，使得 $p = dq$。若 $q > 1$，则 p 为合数，矛盾。所以 $q = 1$，因此 $p = d$。

(2) n 是合数，则必有 $p \in \mathbf{Z}$，使得 $p|n$。如果 p 是素数，则结论得证。如果 p 不是素数，则必有因子 $q|p$。由定理 1.1.1，$q|n$，对于 q 继续上述过程。

(3) 对于满足 $p|n$ 的最小的 p，一定存在 $q \in \mathbf{Z}$，使得 $n = pq$，其中 $p \leqslant q < n$，所以 $p^2 < n$，$p \leqslant \sqrt{n}$。 证毕。

定理 1.1.4 设 $n \in \mathbf{Z}, n \geqslant 2$，那么 n 一定能表示为素数的乘积。

证明 若 $n = 2$，n 已经是素数，结论得证。设当 $n-1$ 时，结论成立。当 n 时，若 n 是素数，则结论成立。若 n 为合数，则必有 $n_1, n_2 \in \mathbf{Z}, 2 \leqslant n_1, n_2 < n$，使得 $n = n_1 n_2$，由假设，n_1、n_2 都可表示为素数的乘积：

$$n_1 = p_{11} p_{12} \ldots p_{1s}, \quad n_2 = p_{21} p_{22} \ldots p_{2t}$$
$$n = n_1 n_2 = p_{11} p_{12} \ldots p_{1s} p_{21} p_{22} \ldots p_{2t}$$

证毕。

定理 1.1.5 设 $n \in \mathbf{N}$，如果对满足 $p \leqslant \sqrt{n}$ 的所有素数 p，都有 $p \nmid n$，则 n 一定是素数。

证明 假定 n 是合数，则由定理 1.1.3 的 (2) 和 (3)，n 一定存在一个素因子 p，满足 $p \leqslant \sqrt{n}$，矛盾。 证毕。

基于定理 1.1.5，要找不大于 n 的所有素数，先将 2 到 n 之间的整数都列出，从中删除小于或等于 $\sqrt{n}$ 的所有素数 $2, 3, 5, 7, \cdots, p_k$（设满足 $p \leqslant \sqrt{n}$ 的素数有 k 个）的倍数，余下的整数就是所要求的所有素数。这个方法称为 Eratosthenes 筛法。

例 1.1.3 找出 100 以内的所有素数。

解 因为 $\sqrt{100}=10$，小于 10 的素数有 2，3，5，7。删去 2～100 的整数中 2 的倍数(保留 2)得

2	3	4	5	~~6~~	7	~~8~~	9	~~10~~
11	~~12~~	13	~~14~~	15	~~16~~	17	~~18~~	19	~~20~~
21	~~22~~	23	~~24~~	25	~~26~~	27	~~28~~	29	~~30~~
31	~~32~~	33	~~34~~	35	~~36~~	37	~~38~~	39	~~40~~
41	~~42~~	43	~~44~~	45	~~46~~	47	~~48~~	49	~~50~~
51	~~52~~	53	~~54~~	55	~~56~~	57	~~58~~	59	~~60~~
61	~~62~~	63	~~64~~	65	~~66~~	67	~~68~~	69	~~70~~
71	~~72~~	73	~~74~~	75	~~76~~	77	~~78~~	79	~~80~~
81	~~82~~	83	~~84~~	85	~~86~~	87	~~88~~	89	~~90~~
91	~~92~~	93	~~94~~	95	~~96~~	97	~~98~~	99	~~100~~

删去 3 的倍数(保留 3)得：

2	3	5	7	9
11	13	~~15~~	17	19
~~21~~	23	25	~~27~~	29
31	~~33~~	35	37	~~39~~
41	43	~~45~~	47	49
~~51~~	53	55	~~57~~	59
61	~~63~~	65	67	~~69~~
71	73	~~75~~	77	79
~~81~~	83	85	~~87~~	89
91	~~93~~	95	97	~~99~~

再分别删去 5 的倍数(以—表示，保留 5)和 7 的倍数(以＝表示，保留 7)，得：

2	3	5	7	
11	13		17	19
	23	~~25~~		29
31		~~35~~	37	

	41	43		47	~~49~~
		53	~~55~~		59
	61		~~65~~	67	
	71	73		~~77~~	79
		83	~~85~~		89
	~~91~~		~~95~~	97	

此时余下的数是 2,3,5,7,11,13,17,19,23,29,31,37,41,43,47,53,59,61,67,71,73,79,83,89,97,共 25 个数,就是不超过 100 的全部素数。从这 25 个数出发,又可以找出不超过 $100^2 = 10\ 000$ 的全部素数。

在小于 100 的全体素数中,小于 20 的有 8 个,而 80~100 的只有 3 个,所以素数的分布越来越稀。会不会到某个数以后就不存在素数,即素数的个数是有限的? 答案是否定的,Euclid 用反证法证明了素数有无穷多个,开创了人类历史上反证法的先河。

定理 1.1.6 素数有无穷多个。

证明 反证法。假设只有有限个素数,设为 $p_1,p_2,\cdots,p_k$。令 $n=p_1p_2\cdots p_k+1$, $n>p_i(i=1,2,\cdots,k)$,因而是合数。设 n 的最小素因子为 p,必有 $p=p_j\in\{p_1,p_2,\cdots,p_k\}$。此时 $p|n-p_1p_2\cdots p_k$,即 $p|1$,矛盾。故素数有无穷多个。　　　　　证毕。

素数既然有无穷多个,它的分布是不是有规律? 是否能找到一个生成素数的公式,能够求出第 n 个素数是什么? 这个问题一直困扰着数学家,经过 2000 多年的努力,看来要解决它还是无望的。

素数在数论中的重要性犹如元素周期表在化学中的重要性。素数在信息安全中也占有重要地位,可以说,没有素数就没有信息安全。

1.2 最大公因子、最小公倍数和算术基本定理

1.2.1 带余数除法

定理 1.2.1 设 a、b 是两个给定的整数,其中 $a>0$,则一定存在唯一的一对整数 q、r,使得 $b=aq+r$,其中 $0\leqslant r<a$。记 $q=\left\lfloor\dfrac{b}{a}\right\rfloor$,称为 b 被 a 除的不完全商。而 $a|b$ 的充要条件是 $r=0$。

证明 存在性。将数轴上的所有整数按 a 的倍数 $(\cdots,-3a,-2a,-a,0,a,2a,3a,\cdots)$ 划分成区间,则 b 必落在某一区间,即存在 q,使得 $qa\leqslant b<(q+1)a$。令 $r=b-qa$,这个 q、r 即满足要求。

唯一性。假定还有 $q',r'\in\mathbf{Z}$,满足 $b=aq'+r'$,其中 $0\leqslant r'<a$,但是 $q\neq q'$ 且 $r\neq r'$(同时成立;否则,一个不成立,另一个也一定不成立)。不妨设 $r'<r$,由 $aq+r=aq'+r'$ 得 $r-r'=a(q'-q)$,即 $r-r'$ 是 a 的倍数。但因 $0\leqslant r,r'<a$,$0<r-r'<a$,矛盾。所以 $r'=r$,

进而 $q'=q$。

$a|b$ 的充要条件是 $r=0$，显然。   证毕。

推论 在定理 1.2.1 中，又设 d 是给定的整数，则存在唯一的一对正整数 q_1、r_1 使得 $b=q_1a+r_1$，其中 $d\leqslant r_1<a+d$。

证明 对 $b-d$ 及 a，由定理 1.2.1 知存在唯一的 q、r 使得 $b-d=qa+r$，其中 $0\leqslant r<a$。取 $q_1=q$，$r_1=r+d$，即得结论。   证毕。

在推论中，取 $d=0$，就是定理 1.2.1，其中 $0\leqslant r<a$，r 称为最小非负余数；取 $d=1$，得 $1\leqslant r_1<a+1$，r_1 称为最小正余数。

当 a 为偶数时，

- 取 $d=-\dfrac{a}{2}$，得 $-\dfrac{a}{2}\leqslant r_1<\dfrac{a}{2}$。

- 取 $d=-\dfrac{a}{2}+1$，得 $-\dfrac{a}{2}<r_1\leqslant\dfrac{a}{2}$。

当 a 为奇数时，取 $d=-\dfrac{a-1}{2}$，得 $-\dfrac{a-1}{2}\leqslant r_1<\dfrac{a+1}{2}$。

上面 3 种 r_1 称为绝对最小余数。在以后的模指数运算、多项式取模运算中，使用绝对最小余数将简化计算。

例 1.2.1 设 $a\geqslant 2$ 是给定的正整数，证明任一正整数 n 都可以唯一地表示为
$$n=r_ka^k+r_{k-1}a^{k-1}+\cdots+r_1a+r_0$$
其中，整数 $k\geqslant 0$，$0\leqslant r_j<a(0\leqslant j\leqslant k)$，$r_k\neq 0$。

证明 当 $n<a$ 时，取 $r_1=0$，$r_0=n$，得证。否则，对 n、a，由定理 1.2.1，存在唯一的一对正整数 q_0、$r_0(0<q_0,0\leqslant r_0<a)$，使得 $n=q_0a+r_0$。

若 $q_0<a$，则取 $r_1=q_0$，得证。

若 $q_0\geqslant a$，则由定理 1.2.1，存在唯一的一对正整数 q_1、$r_1(0<q_1,0\leqslant r_1<a)$，使得 $q_0=q_1a+r_1$，则
$$n=q_0a+r_0=(q_1a+r_1)a+r_0=q_1a^2+r_1a+r_0$$
如此下去，必有一对正整数 q_{k-1}、$r_j(0\leqslant j\leqslant k-1)$，满足 $0<q_{k-1}<a,r_j<a(0\leqslant j\leqslant k-1)$，使得
$$n=q_{k-1}a^k+r_{k-1}a^{k-1}+\cdots+r_1a+r_0$$
取 $r_k=q_{k-1}$，即得证。   证毕。

例 1.2.2 设 $a>2$ 是奇数，证明：

(1) 存在正整数 $d\leqslant a-1$，使得 $a|2^d-1$。

(2) 设 d_0 是满足 (1) 的最小 d，那么 $a|2^h-1$ 的充要条件是 $d_0|h$。

证明

(1) 考虑以下 a 个数：$2^0,2^1,2^2,\cdots,2^{a-1}$，由 $2^0=1,2^j(j=1,2,\cdots,a-1)$ 是偶数得 $a\nmid 2^j(j=0,1,2,\cdots,a-1)$。由定理 1.2.1，存在 q_j、r_j，使得 $2^j=q_ja+r_j,0<r_j<a$，即 a 个余数 $r_0,r_1,r_2,\cdots,r_{a-1}$ 只可能在 $1,2,\cdots,a-1$ 这 $a-1$ 个值中取。由抽屉原理（也称鸽舍原理），必有两个相等，设为 r_i、r_k，不妨设 $0\leqslant i<k\leqslant a-1$，因而 $2^k-2^i=2^i(2^{k-i}-1)=(q_k-q_j)a$，所以 $a|2^i(2^{k-i}-1)$，$a|2^{k-i}-1$。取 $d=k-i$ 就能满足要求。

(2) 充分性。当 $d_0|h$ 时，$a|2^{d_0}-1$，$2^{d_0}-1|2^h-1$，所以 $a|2^h-1$。

必要性。由定理 1.2.1，存在 q,r 使得 $h=qd_0+r$，其中 $0 \leqslant r < d_0$，因而 $2^h-1 = 2^{qd_0+r} - 2^r + 2^r - 1 = 2^r(2^{qd_0}-1) + (2^r-1)$。由 $a|2^h-1$，$a|2^{qd_0}-1$，得 $a|2^r-1$。由 d_0 的最小性，得 $r=0$。所以 $d_0|h$。 证毕。

1.2.2 最大公因子

定义 1.2.1 设 a_1、a_2 是两个不同时为 0 的整数，如果 $d|a_1$ 且 $d|a_2$，则称 d 为 a_1、a_2 的公因子。公因子中最大的称为 a_1、a_2 的最大公因子，记为 (a_1,a_2)。一般地，设 a_1，$a_2,\cdots,a_k$ 是 k 个不同时为 0 的整数，如果 $d|a_1$，$d|a_2,\cdots,d|a_k$，则称 d 为 $a_1,a_2,\cdots$，a_k 的公因子。公因子中最大的称为最大公因子，记为 $(a_1,a_2,\cdots,a_k)$。若 $(a_1,a_2)=1$，则称 a_1、a_2 是互素的。若 $(a_1,a_2,\cdots,a_k)=1$，则称 $a_1,a_2,\cdots,a_k$ 是互素的。

例如，$a_1=12$，$a_2=18$，它们的公因子是 $\pm 1,\pm 2,\pm 3,\pm 6$，$(12,18)=6$；$a_1=6$，$a_2=10$，$a_3=-15$，它们的公因子是 ± 1，$(6,10,-15)=1$，即 $6,10,-15$ 是互素的。

例 1.2.3 设 p 为素数，a 为整数，证明

$$(p,a) = \begin{cases} p, & p \mid a \\ 1, & p \nmid a \end{cases}$$

证明 设 $d=(p,a)$，则有 $d|p,d|a$。因为 p 是素数，所以 $d=1$ 或 $d=p$。若 $p|a$，则 p 是 p 和 a 的公因子，因而 $p \leqslant d$。但 $d|p,d \leqslant p$，所以 $d=p$。若 $p \nmid a$，则必有 $d=1$，否则由 $d=p$ 得 $p|a$，矛盾。 证毕。

定理 1.2.2 设 a、b 是两个不同时为 0 的整数，则存在 $x,y \in \mathbf{Z}$，使得 $(a,b) = ax+by$。

证明 对任意 $u,v \in \mathbf{Z}$，考虑所有形如 $au+bv$ 的整数构成的集合。选 $x,y \in \mathbf{Z}$，使得 $m=ax+by$ 是该集合中最小的正整数。由定理 1.2.1，存在唯一的一对正整数 q,r，使得 $a=mq+r$，其中 $0 \leqslant r < m$。因而有

$$r = a - mq = a - (ax+by)q = (1-qx)a + (-qy)b$$

即 r 也是 a、b 的线性组合。由 m 的最小性，$r=0$。所以，$a=mq,m|a$。类似地有 $m|b$，即 m 是 a、b 的公因子，$m \leqslant (a,b)$。又因 $(a,b)|a$，$(a,b)|b$，得 $(a,b)|m=ax+by$，$(a,b) \leqslant m$，所以 $m=(a,b)$。 证毕。

定理 1.2.3 设 a、b 是两个不同时为 0 的整数，$d=(a,b)$ 的充要条件是

(1) $d|a,d|b$。

(2) 若 $e|a,e|b$，则 $e|d$。

证明

必要性。条件(1)显然，下面证条件(2)。由定理 1.2.2，存在 $x,y \in \mathbf{Z}$，使得 $d=ax+by$。由 $e|a,e|b$ 得 $e|d$。

充分性。由条件(1)，d 是 a、b 的公因子。由条件(2)，对任一 $e \in \mathbf{Z}$ 满足 $e|a,e|b$，即 e 是 a、b 的公因子，有 $e|d$，即 $e \leqslant d$，所以 d 是公因子中最大的。 证毕。

定理 1.2.3 也可作为最大公因子的定义，使用起来比定义 1.2.1 更为直观，以后主要使用该定义。

定理 1.2.4 设 a、b 是两个不同时为 0 的整数，a、b 互素的充要条件是存在 $x,y \in \mathbf{Z}$，使得 $xa + yb = 1$。

证明

必要性。 $(a,b) = 1$，可由定理 1.2.2 直接得到。

充分性。 设 $d = (a,b)$，则 $d \mid a, d \mid b$，所以 $d \mid xa + yb = 1, d = 1$。　　　　　证毕。

定理 1.2.5 设 a 是非 0 整数，如果 $a \mid bc$ 且 $(a,b) = 1$，则 $a \mid c$。

证明 由 $(a,b) = 1$ 及定理 1.2.2，存在 $x,y \in \mathbf{Z}$，使得 $xa + yb = 1$。两边同乘 c，得 $xac + ybc = c$。因为 $a \mid xac, a \mid ybc$，所以 $a \mid c$。　　　　　证毕。

定理 1.2.6 设 a、b 是两个不同时为 0 的整数。

(1) 对任一正整数 m，有 $(ma, mb) = m(a,b)$。

(2) 设非 0 整数 d 满足 $d \mid a, d \mid b$，则

$$\left(\frac{a}{d}, \frac{b}{d}\right) = \frac{(a,b)}{|d|}$$

特别地，

$$\left(\frac{a}{(a,b)}, \frac{b}{(a,b)}\right) = 1$$

证明

(1) 设 $d = (a,b), d' = (ma, mb)$。则由 $d \mid a, d \mid b$ 得 $md \mid ma, md \mid mb$，即 md 是 ma、mb 的公因子，所以 $md \mid d'$。又由 $d = (a,b)$，存在 $x,y \in \mathbf{Z}$，使得 $xa + yb = d$，两边同时乘以 m，得 $x(ma) + y(mb) = md$。因为 $d' \mid ma, d' \mid mb$，所以 $d' \mid md$。因此有 $d' = md$。

(2) 　　　$(a,b) = \left(|d|\frac{a}{|d|}, |d|\frac{b}{|d|}\right) = |d|\left(\frac{a}{|d|}, \frac{b}{|d|}\right) = |d|\left(\frac{a}{d}, \frac{b}{d}\right)$

所以

$$\left(\frac{a}{d}, \frac{b}{d}\right) = \frac{(a,b)}{|d|}$$

取 $d = (a,b)$，则有

$$\left(\frac{a}{(a,b)}, \frac{b}{(a,b)}\right) = 1$$

证毕。

定理 1.2.7 设 $a_1, a_2, \cdots, a_n$ 是 n 个不全为 0 的整数，$(a_1, a_2) = d_2, (d_2, a_3) = d_3, \cdots, (d_{n-1}, a_n) = d_n$，则 $(a_1, a_2, \cdots, a_n) = d_n$。

证明 由 $(d_{n-1}, a_n) = d_n$ 知 $d_n \mid d_{n-1}, d_n \mid a_n$，但 $d_{n-1} \mid d_{n-2}, d_{n-1} \mid a_{n-1}$，所以 $d_n \mid d_{n-2}$，$d_n \mid a_{n-1}$。继续下去得 $d_n \mid d_2, d_n \mid a_3$。又由 $d_2 \mid a_1, d_2 \mid a_2$ 得 $d_n \mid a_2, d_n \mid a_1$，所以 d_n 是 $a_1, a_2, \cdots, a_n$ 的公因子。又设 d 是 $a_1, a_2, \cdots, a_n$ 的任一公因子，由 $d \mid a_1, d \mid a_2$ 得 $d \mid d_2$。再由 $d \mid a_3$，又得 $d \mid d_3$。继续下去，直到得到 $d \mid d_n$，由定理 1.2.3，d_n 是 $a_1, a_2, \cdots, a_n$ 的最大公因子。　　　　　证毕。

1.2.3 最小公倍数

定义 1.2.2 设 a_1、a_2 是两个均不为 0 的整数，$m \in \mathbf{Z}$，满足 $a_1 \mid m$ 且 $a_2 \mid m$，则称 m 是

a_1、a_2 的公倍数。满足上述条件的最小正 m 称为 a_1、a_2 的最小公倍数,记为 $[a_1,a_2]$。设 $a_1,a_2,\cdots,a_k$ 是 k 个均不为 0 的整数,$m\in\mathbf{Z}$,满足 $a_1\mid m,a_2\mid m,\cdots,a_k\mid m$,则称 m 是 $a_1,a_2,\cdots,a_k$ 的公倍数。类似地,有 $a_1,a_2,\cdots,a_k$ 最小公倍数 $[a_1,a_2,\cdots,a_k]$。

例如,$a_1=2,a_2=3$,它们的公倍数集合为 $\{0,\pm6,\pm12,\cdots,\pm6k,\cdots\}$,$[a_1,a_2]=6$。

定理 1.2.8 设 a、b 是两个均不为 0 的整数,$m=[a,b]$ 的充要条件如下:

(1) $a\mid m,b\mid m$。

(2) 若 $a\mid M,b\mid M$,则 $m\mid M$。

证明

必要性:条件(1)显然。下面证明条件(2),由定理 1.2.1,存在 q、r 使得 $M=qm+r$,其中 $0\leqslant r<m$。由 $a\mid M,a\mid m$ 得 $a\mid r$,类似地,$b\mid r$。所以 r 是 a、b 的公倍数,由 m 的最小性知 $r=0$,所以 $M=qm$。

充分性:显然。 证毕。

定理 1.2.8 也可以作为最小公倍数的定义,使用起来更方便。

定理 1.2.9 设 a、b 是两个互素的正整数,则 $[a,b]=a\cdot b$。

证明 设 $m=ab$,显然 m 是 a、b 的公倍数。设 M 也是 a、b 的公倍数,由 $a\mid M$,存在 $q>0$,使得 $M=aq$。由 $b\mid M$,可得 $b\mid aq$。因 $(a,b)=1$,由定理 1.2.5 得 $b\mid q$,所以存在 $q'>0$,使得 $q=bq'$。因此 $M=aq=abq'=mq'$,即 $m\mid M$。所以 $m=[a,b]$。 证毕。

定理 1.2.10 设 a、b 是两个均不为 0 的正整数。

(1) 对任一正整数 k,有 $[ka,kb]=k[a,b]$。

(2) $[a,b]\cdot(a,b)=ab$。

证明

(1) 设 $m=[a,b],m'=[ka,kb]$。由 $ka\mid m',kb\mid m'$,得 $a\left|\dfrac{m'}{k},b\right|\dfrac{m'}{k}$,所以 $m\left|\dfrac{m'}{k}\right.$,即 $km\mid m'$。另一方面,由 $a\mid m,b\mid m$,得 $ka\mid km,kb\mid km$,因此 $m'\mid km$。所以 $m'=km$。

(2) 由定理 1.2.6 知

$$\left(\frac{a}{(a,b)},\frac{b}{(a,b)}\right)=1$$

再由定理 1.2.9 得

$$\left[\frac{a}{(a,b)},\frac{b}{(a,b)}\right]=\frac{ab}{(a,b)^2}$$

两边同乘以 $(a,b)^2$ 即得。 证毕。

定理 1.2.11 设 $a_1,a_2,\cdots,a_n\in\mathbf{Z}$,$[a_1,a_2]=m_2,[m_2,a_3]=m_3,\cdots,[m_{n-1},a_n]=m_n$,则 $[a_1,a_2,\cdots,a_n]=m_n$。

证明 由 $[a_1,a_2]=m_2$ 知 $a_1\mid m_2,a_2\mid m_2$。由 $[m_2,a_3]=m_3$,知 $m_2\mid m_3,a_3\mid m_3$,所以 $a_1\mid m_3,a_2\mid m_3,a_3\mid m_3$。如此下去,由 $[m_{n-1},a_n]=m_n$,知 $m_{n-1}\mid m_n$,由 $a_n\mid m_n$ 得 $a_1\mid m_n$,$a_2\mid m_n,\cdots,a_n\mid m_n$,即 m_n 是 $a_1,a_2,\cdots,a_n$ 的公倍数。又设 m' 是 $a_1,a_2,\cdots,a_n$ 的任一公倍数,则 $a_1\mid m',a_2\mid m',\cdots,a_n\mid m'$。由 $[a_1,a_2]=m_2$ 得 $m_2\mid m'$。又由 $[m_2,a_3]=m_3$ 及 $a_3\mid m'$ 得 $m_3\mid m'$。如此下去,得 $m_{n-1}\mid m'$。再由 $[m_{n-1},a_n]=m_n$ 及 $a_n\mid m'$ 得 $m_n\mid m'$。所以 m_n 是 $a_1,a_2,\cdots,a_n$ 的最小公倍数。 证毕。

1.2.4 算术基本定理

定理 1.1.4 已经证明任一正整数都可以分解为素数的乘积。下面证明正整数的这种分解在不计素数次序的意义下是唯一的。

先证明如下结论。

定理 1.2.12 设 p 是素数，$p \mid a_1 a_2$，则 $p \mid a_1$ 和 $p \mid a_2$ 至少有一个成立。一般地，若 $p \mid a_1 a_2 \cdots a_k$，则 $p \mid a_i (i=1,2,\cdots,k)$ 至少有一个成立。

证明 若 $p \nmid a_1$，则由例 1.2.3 知 $(p, a_1) = 1$。由定理 1.2.5 得 $p \mid a_2$。对于一般情况，类似地证明。 证毕。

定理 1.2.13（算术基本定理） 设 n 是大于 1 的正整数，必有 $n = p_1 p_2 \cdots p_s$，其中 p_i 是素数 $(1 \leqslant i \leqslant s)$，且在不计素因子的次序时，这个分解式是唯一的。

证明 下面仅证明唯一性，不妨设 $p_1 \leqslant p_2 \leqslant \cdots \leqslant p_s$。若还有另一种分解式 $n = q_1 q_2 \cdots q_r$，其中 $q_1 \leqslant q_2 \leqslant \cdots \leqslant q_r$，下面证明 $r=s$，$p_j = q_j (1 \leqslant j \leqslant s)$。不妨设 $s \leqslant r$，由定理 1.2.12，$q_1 \mid n = p_1 p_2 \cdots p_s$，必有某个 p_j，使得 $q_1 \mid p_j$，但由于 q_1 和 p_j 都是素数，所以 $q_1 = p_j$。同理，对 p_1，必有某个 q_i，使得 $p_1 = q_i$。由于 $q_1 \leqslant q_i = p_1 \leqslant p_j = q_1$，所以 $p_1 = q_1$。这样，由 $p_1 p_2 \cdots p_s = q_1 q_2 \cdots q_r$ 可得到 $p_2 p_3 \cdots p_s = q_2 q_3 \cdots q_r$。同理可得 $p_2 = q_2, p_3 = q_3, \cdots, p_s = q_s$。若 $s < r$，则有 $q_{s+1} q_{s+2} \cdots q_r = 1$，这是不可能的。所以有 $s = r$，$p_j = q_j (1 \leqslant j \leqslant s)$。 证毕。

合并分解式中相同的素数，即得 $n = p_1^{\alpha_1} p_2^{\alpha_2} \cdots p_s^{\alpha_s}$，其中 $p_1 < p_2 < \cdots < p_s$，这个分解式称为标准分解式。

定理 1.2.14 设 $a = p_1^{\alpha_1} p_2^{\alpha_2} \cdots p_s^{\alpha_s}$，$b = p_1^{\beta_1} p_2^{\beta_2} \cdots p_s^{\beta_s}$ 是正整数 a、b 的标准分解式，则有以下性质：

(1) $a \cdot b = p_1^{\alpha_1+\beta_1} p_2^{\alpha_2+\beta_2} \cdots p_s^{\alpha_s+\beta_s}$。

(2) $a \mid b \Leftrightarrow \alpha_i \leqslant \beta_i (1 \leqslant i \leqslant s)$。

(3) $(a,b) = p_1^{e_1} p_2^{e_2} \cdots p_s^{e_s}$，其中 $e_i = \min\{\alpha_i, \beta_i\}$，$1 \leqslant i \leqslant s$。

(4) $[a,b] = p_1^{d_1} p_2^{d_2} \cdots p_s^{d_s}$，其中 $d_i = \max\{\alpha_i, \beta_i\}$，$1 \leqslant i \leqslant s$。

(5) $(a,b)[a,b] = ab$。

证明

(1) 显然。

(2) 证明 "$\Leftarrow$"。由 $\alpha_i \leqslant \beta_i$ 得 $b = aq$，其中 $q = p_1^{\beta_1-\alpha_1} p_2^{\beta_2-\alpha_2} \cdots p_s^{\beta_s-\alpha_s}$。

再证明 "$\Rightarrow$"。由 $a \mid b$，$p_1^{\alpha_1} p_2^{\alpha_2} \cdots p_s^{\alpha_s} \mid p_1^{\beta_1} p_2^{\beta_2} \cdots p_s^{\beta_s}$，若 $\alpha_1 > \beta_1$，则

$$p_1^{\alpha_1-\beta_1} p_2^{\alpha_2} \cdots p_s^{\alpha_s} \mid p_2^{\beta_2} \cdots p_s^{\beta_s}$$

因此

$$p_1 \mid p_1^{\alpha_1-\beta_1} p_2^{\alpha_2} \cdots p_s^{\alpha_s} \mid p_2^{\beta_2} \cdots p_s^{\beta_s}$$

存在 $p_i (2 \leqslant i \leqslant s)$，使得 $p_1 \mid p_i$，因此 $p_1 = p_i$，矛盾。所以 $\alpha_1 \leqslant \beta_1$，类似地 $\alpha_i \leqslant \beta_i (2 \leqslant i \leqslant s)$。

(3) 设 $c = p_1^{e_1} p_2^{e_2} \cdots p_s^{e_s}$，由 $e_i \leqslant \alpha_i (1 \leqslant i \leqslant s)$ 得 $c \mid a$，同理 $c \mid b$。又设 $c' = p_1^{e_1'} p_2^{e_2'} \cdots p_s^{e_s'}$，满足 $c' \mid a$，$c' \mid b$。由条件 (2) 得 $e_i' \leqslant \alpha_i$，$e_i' \leqslant \beta_i (1 \leqslant i \leqslant s)$，因此 $e_i' \leqslant \min\{\alpha_i, \beta_i\} = e_i$，得 $c' \mid c$。所以 $c = (a,b)$。

(4) 设 $d = p_1^{d_1} p_2^{d_2} \cdots p_s^{d_s}$，由 $\alpha_i \leqslant d_i (1 \leqslant i \leqslant s)$，得 $a \mid d$，同理 $b \mid d$。又设 $d' = p_1^{d_1'} p_2^{d_2'} \cdots p_s^{d_s'}$，满

足 $a|d',b|d'$，由条件(2)得 $\alpha_i\leqslant d'_i,\beta_i\leqslant d'_i(1\leqslant i\leqslant s)$，因此 $d_i=\max\{\alpha_i,\beta_i\}\leqslant d'_i(1\leqslant i\leqslant s)$，由此 $d|d'$。所以 $d=[a,b]$。

(5) 由条件(3)、(4)得 $(a,b)[a,b]=p_1^{e_1+d_1}p_2^{e_2+d_2}\cdots p_s^{e_s+d_s}$，而
$$e_i+d_i=\max\{\alpha_i,\beta_i\}+\min\{\alpha_i,\beta_i\}=\alpha_i+\beta_i$$
所以
$$(a,b)[a,b]=p_1^{\alpha_1+\beta_1}p_2^{\alpha_2+\beta_2}\cdots p_s^{\alpha_s+\beta_s}=a\cdot b$$

证毕。

例如
$$45=2^0\cdot 3^2\cdot 5,\quad 100=2^2\cdot 3^0\cdot 5^2$$
$$(45,100)=2^0\cdot 3^0\cdot 5^1=5$$
$$[45,100]=2^2\cdot 3^2\cdot 5^2=900$$

利用整数的标准分解式可求整数的最大公因子和最小公倍数。然而这种方法仅限于整数比较小的情况，对于大整数来说，求标准分解式本身就是一个困难问题。一般情况下，求整数的最大公因子可用 1.3 节介绍的 Euclid 算法。

定理 1.2.15 设 $a,b\in\mathbf{N}$，则存在 $a'|a,b'|b$，使得 $a'\cdot b'=[a,b]$，$(a',b')=1$。

证明 设 $a=p_1^{\alpha_1}p_2^{\alpha_2}\cdots p_s^{\alpha_s},b=p_1^{\beta_1}p_2^{\beta_2}\cdots p_s^{\beta_s}$，其中：
$$\alpha_i\geqslant\beta_i\geqslant 0(i=1,2,\cdots,t),\quad \beta_i>\alpha_i(i=t+1,t+2,\cdots,s)$$
则取 $a'=p_1^{\alpha_1}p_2^{\alpha_2}\cdots p_t^{\alpha_t},b'=p_{t+1}^{\alpha_{t+1}}p_{t+2}^{\alpha_{t+2}}\cdots p_s^{\alpha_s}$ 即为所求。 证毕。

1.3 Euclid 算法

1.3.1 Euclid 定理

定理 1.3.1 对任意 $a,b,q\in\mathbf{Z}$，有 $(a,b)=(a,b-qa)$。

证明 设 $d|a,d|b$，则 $d|b-qa$，即 a、b 的公因子也是 a 和 $b-qa$ 的公因子。类似地，设 $d'|a,d'|b-qa$，则 $d'|(b-qa)+qa=b$，即 a 和 $b-qa$ 的公因子也是 a、b 的公因子。所以 a、b 的公因子集合和 $a,b-qa$ 的公因子集合相等，两个集合中的最大值相等。 证毕。

按定理 1.3.1，$(a,b)=(a,b-a)$，所以求 (a,b) 时可以连续地用 a、b 中的大的减去小的，直到得到 0，由 $(a,0)=|a|$ 就得结果。

定理 1.3.1 是 Euclid 提出的最初形式，把它用在带余数除法中，得到的是 Euclid 算法的现代版。

设 a、b 是两个整数，$a>0$，在定理 1.3.1 中，将 q 取为带余数除法中的 q，则得 $(a,b)=(a,r)$。

例 1.3.1 对任意 $n\in\mathbf{Z}$，有
$$(21n+4,14n+3)=(21n+4-(14n+3),14n+3)=(7n+1,14n+3)$$
$$=(7n+1,14n+3-2(7n+1))=(7n+1,1)=1$$

例 1.3.2 对任意 $n\in\mathbf{Z}$，有

$$(n-1, n+1) = (n-1, 2) = \begin{cases} 1, & 2 \mid n \\ 2, & 2 \nmid n \end{cases}$$

例 1.3.3 对任意 $n \in \mathbf{Z}$,有

$$(2n-1, n-2) = (2n-1-2(n-2), n-2) = (3, n-2)$$

当 $n=3k$ 时,有

$$(3, n-2) = (3, 3k-2) = (3, 3(k-1)+1) = (3, 1) = 1$$

当 $n=3k+1$ 时,有

$$(3, n-2) = (3, 3(k-1)+2) = (3, 2) = 1$$

当 $n=3k+2$ 时,有

$$(3, n-2) = (3, 3k) = 3$$

定理 1.3.2 设 $m, n, t \in \mathbf{Z}, m > 0, n > 0$,则 $(t^n-1, t^m-1) = t^{(m,n)}-1$。

证明 对 $\max(n, m)$ 用归纳法。当 $\max(n, m) = 1$ 或 $n = m$ 时,结论显然。否则,假定 $m < n$,由 $(t^n-1)-t^{n-m}(t^m-1) = t^{n-m}-1$,得

$$(t^n-1, t^m-1) = (t^m-1, t^{n-m}-1) = t^{(m,n-m)}-1 = t^{(n,m)}-1$$

其中,第 2 步由归纳假设得,第 3 步由定理 1.3.1 得。   证毕。

推论 $t^n-1 \mid t^m-1$ 当且仅当 $n \mid m$。

证明 若 $n \mid m$,则 $(t^n-1, t^m-1) = t^{(m,n)}-1 = t^n-1$,所以 $t^n-1 \mid t^m-1$。反之,若 $t^n-1 \mid t^m-1$,则 $(t^n-1, t^m-1) = t^n-1$,即 $t^{(m,n)}-1 = t^n-1$,所以 $(m,n) = n, n \mid m$。   证毕。

定理 1.3.3 设 m、n、q 是正整数,则 $(x^{q^m}-x, x^{q^n}-x) = x^{q^{(m,n)}}-x$。

证明 连续两次应用定理 1.3.2 即可证得。   证毕。

推论 设 m、n、q 是正整数,则 $x^{q^n}-x \mid x^{q^m}-x$,当且仅当 $n \mid m$。

证明 若 $n \mid m$,则

$$(m, n) = n$$

$$(x^{q^m}-x, x^{q^n}-x) = x^{q^{(m,n)}}-x = x^{q^n}-x$$

所以 $x^{q^n}-x \mid x^{q^m}-x$。

反之,若 $x^{q^n}-x \mid x^{q^m}-x$,则

$$(x^{q^m}-x, x^{q^n}-x) = x^{q^n}-x$$

又

$$(x^{q^m}-x, x^{q^n}-x) = x^{q^{(m,n)}}-x$$

所以

$$x^{q^{(m,n)}}-x = x^{q^n}-x$$

$$(m, n) = n$$

所以 $n \mid m$。   证毕。

1.3.2 广义 Euclid 除法

广义 Euclid 除法也称为辗转相除法,用于求两个正整数的最大公因子。设 a、b 是两个正整数,不妨假定 $a > b$,记 $r_{-1} = a, r_0 = b$,反复用带余数除法,有

$$r_{-1} = q_1 r_0 + r_1 \quad 0 < r_1 < r_0$$
$$\vdots$$
$$r_{n-2} = q_n r_{n-1} + r_n \quad 0 < r_n < r_{n-1}$$
$$r_{n-1} = q_{n+1} r_n + r_{n+1} \quad r_{n+1} = 0$$

因此，$r_{n+1} < r_n < r_{n-1} < \cdots < r_0 = b$，所以经过有限步后必有 $r_{n+1} = 0$。此时 $r_n = (a,b)$，这是因为

$$(a,b) = (r_{-1}, r_0) = \cdots = (r_{n-1}, r_n) = (r_n, r_{n+1}) = (r_n, 0) = r_n$$

由上还可得

$$r_n = r_{n-2} - q_n r_{n-1}$$
$$r_{n-1} = r_{n-3} - q_{n-1} r_{n-2}$$
$$\vdots$$
$$r_1 = r_{-1} - q_1 r_0$$

依次将后一项带入前一项，最终 r_n 可由 $r_{-1} = a, r_0 = b$ 的线性组合表示。

例 1.3.4 已知 $a = -1859, b = 1573$，求 (a,b) 及整数 s、t 使得 $sa + tb = (a,b)$。

解 因为 $(-1859, 1573) = (1859, 1573)$，用广义 Euclid 除法得

$$1859 = 1 \cdot 1573 + 286$$
$$1573 = 5 \cdot 286 + 143$$
$$286 = 2 \cdot 143 + 0$$

所以 $(a,b) = 143$。而

$$143 = 1573 - 5 \cdot 286 = 1573 - 5 \cdot (1859 - 1 \cdot 1573) = 5 \cdot (-1859) + 6 \cdot 1573$$

即 $s = 5, t = 6, sa + tb = (a,b)$。

用这种反向带入法求 s、t 时需要记下所有中间结果 r_i、q_i。下面给出一种递推法，可直接求出 s、t，此时需要引入两个新的序列 $\{s_i\}$、$\{t_i\}$。

定理 1.3.4 设 a、b 如上，在以上的广义 Euclid 除法中，当 $r_{n+1} = 0$ 时，有

$$s_n a + t_n b = (a,b) \tag{1.3.1}$$

其中 s_i、t_i 按如下递推方式定义：

初值为

$$\begin{cases} s_{-1} = 1, & t_{-1} = 0 \\ s_0 = 0, & t_0 = 1 \end{cases}$$

递推式为

$$\begin{cases} s_i = s_{i-2} - q_i s_{i-1} \\ t_i = t_{i-2} - q_i t_{i-1} \end{cases} \tag{1.3.2}$$

其中，$q_i = \left\lfloor \dfrac{r_{i-2}}{r_{i-1}} \right\rfloor$。

证明 为了证明式(1.3.1)，只须证明：对每一 $i = -1, 0, 1, \cdots, n$，下式成立：

$$s_i a + t_i b = r_i \tag{1.3.3}$$

用归纳法。

当 $i = -1$ 时，$s_{-1} a + t_{-1} b = a = r_{-1}$，式(1.3.3)成立。

当 $i=0$ 时,$s_0a+t_0b=b=r_0$,式(1.3.3)成立。

设式(1.3.3)对所有 $i\leqslant k-1$ 成立,则当 $i=k$ 时,有

$$r_k=-q_kr_{k-1}+r_{k-2}=-q_k(s_{k-1}a+t_{k-1}b)+(s_{k-2}a+t_{k-2}b)$$
$$=(s_{k-2}-q_ks_{k-1})a+(t_{k-2}-q_kt_{k-1})b=s_ka+t_kb$$

证毕。

计算过程如表 1.3.1 所示。

表 1.3.1　广义 Euclid 除法的计算过程

j	s_{j-1}	s_j	t_{j-1}	t_j	q_{j+1}	r_j	r_{j+1}
-1	—	1	—	0	—	a	b
0	1	0	0	1	q_1	b	r_1
⋮							
i	s_{i-1}	s_i	t_{i-1}	t_i	q_{i+1}	r_i	r_{i+1}
⋮							
n	s_{n-1}	s_n	t_{n-1}	t_n	q_{n+1}	r_n	$r_{n+1}=0$

表 1.3.1 的建立过程如下。首先将初值 $s_{-1}=1,t_{-1}=0,s_0=0,t_0=1,r_{-1}=a,r_0=b$ 填入。然后依次填入其余各行。第 i 行按如下过程建立:s_{i-1} 取上一行的 s_i,即它的右上元素,s_i 由递推式 $s_i=s_{i-2}-q_is_{i-1}$ 计算,其中 q_i 是上一行的 q_i。t_{i-1} 和 t_i 的取法类似。q_{i+1} 由上一行的 r_{i-1} 和 r_i 求得,$q_{i+1}=\left\lfloor\dfrac{r_{i-1}}{r_i}\right\rfloor$。$r_i$ 取上一行的 r_i,即它的右上元素,r_{i+1} 由递推公式 $r_{i+1}=r_{i-1}-q_{i+1}r_i$ 求得,直到 $r_{n+1}=0$ 为止。

例 1.3.5　用递推法求例 1.3.4。

解　计算过程如表 1.3.2 所示。

表 1.3.2　例 1.3.5 的计算过程

j	s_{j-1}	s_j	t_{j-1}	t_j	q_{j+1}	r_j	r_{j+1}
-1	—	1	—	0	—	1859	1573
0	1	0	0	1	1	1573	286
1	0	1	1	-1	5	286	143
2	1	-5	-1	6	2	143	0

结果为 $s=-5,t=6,(-5)\cdot1859+6\cdot1573=143$,或写成 $5\cdot(-1859)+6\cdot1573=143$。

 习　题

1. 证明:若 $a\mid b$ 且 $c\mid d$,则 $ac\mid bd$。
2. 设 $n\neq1$,证明:$(n-1)^2\mid n^k-1$ 的充要条件是 $(n-1)\mid k$。

3. 设 $q \neq 0, \pm 1$。若对任意的 a、b，由 $q \mid ab$ 可推出 $q \mid a$ 或 $q \mid b$ 至少有一个成立，证明：q 一定是素数。

4. 证明：

(1) $3k+1$ 形式的奇数一定是 $6h+1$ 形式。

(2) $3k-1$ 形式的奇数一定是 $6h-1$ 形式。

5. 证明：

(1) 形如 $4k-1$ 的素数有无穷多个。

(2) 形如 $6k-1$ 的素数有无穷多个。

6. 用算术基本定理求 168、180、495 的最大公因子和最小公倍数。

7. 若 $(a,b)=1, c \mid a+b$，证明：$(c,a)=(c,b)=1$。

8. 设 $n \geq 1$，证明：$(n!+1,(n+1)!+1)=1$。

9. 若 $(a,4)=(b,4)=2$，证明：$(a+b,4)=4$。

10. 证明：$\sqrt{3}$ 和 $\log_3 7$ 都是无理数。

11. 用广义 Euclid 定理求 963 和 657 的最大公因子，并将它表示为这两个数的整系数线性组合。

第2章

数 论 函 数

2.1 数论函数的定义

数论函数是定义在全体正整数 $\mathbf{N}$ 上的函数,它对任意的 $n \in \mathbf{N}$ 均指定一个实数或复数 $f(n)$。数论函数在数学与计算机科学中有重要应用。

例如,$f(n) = \sqrt{n}(n \in \mathbf{N})$ 是数论函数,对自然数 n 指定了一个实数 $\sqrt{n}$。

定义 2.1.1 设 $f(n)$ 是数论函数,如果对于 $\forall m, n \in \mathbf{N}$,当 $(m,n) = 1$ 时,$f(mn) = f(m)f(n)$,则称 $f(n)$ 是积性的。如果去掉条件 $(m,n) = 1$,$f(mn) = f(m)f(n)$ 仍成立,则称 $f(n)$ 是完全积性的。

例如,$f(n) = n^k$(k 是给定的非负整数)是完全积性的。

定理 2.1.1 设 $n = \prod_{i=1}^{s} p_i^{\alpha_i}$ 是 n 的标准分解式,$f(n)$ 是非恒 0 的积性函数的充要条件是 $f(1) = 1$ 且

$$f(n) = \prod_{i=1}^{s} f(p_i^{\alpha_i}) \tag{2.1.1}$$

进一步,$f(n)$ 是完全积性的充要条件是 $f(1) = 1$ 且

$$f(n) = \prod_{i=1}^{s} f^{\alpha_i}(p_i) \tag{2.1.2}$$

证明 $f(n)$ 不是恒 0 的,存在 $n_0 \in \mathbf{N}$,使得 $0 \neq f(n_0) = f(n_0 \cdot 1) = f(n_0)f(1)$,所以 $f(1) = 1$。

必要性:对 s 用数学归纳法。当 $s = 1$ 时,$n = p_1^{\alpha_1}$,$f(n) = f(p_1^{\alpha_1})$ 成立。假设式(2.1.1)对 s 成立,则当 $s+1$ 时,由于 $\left(\prod_{i=1}^{s} p_i^{\alpha_i}, p_{s+1}^{\alpha_{s+1}} \right) = 1$,所以

$$f(n) = f\left(\prod_{i=1}^{s+1} p_i^{\alpha_i} \right) = f\left(\left(\prod_{i=1}^{s} p_i^{\alpha_i} \right) p_{s+1}^{\alpha_{s+1}} \right) = f\left(\left(\prod_{i=1}^{s} p_i^{\alpha_i} \right) \right) f\left(\left(p_{s+1}^{\alpha_{s+1}} \right) \right)$$

$$= \left(\prod_{i=1}^{s} f(p_i^{\alpha_i}) \right) f(p_{s+1}^{\alpha_{s+1}}) = \prod_{i=1}^{s+1} f(p_i^{\alpha_i})$$

如果 $f(n)$ 是完全积性的,则对 $\forall i \in \{1, 2, \cdots, s\}$,$f(p_i^{\alpha_i}) = f^{\alpha_i}(p_i)$,所以

$$f(n) = \prod_{i=1}^{s} f^{\alpha_i}(p_i)$$

充分性:若 m、n 中有一个为 1,不妨设 $m = 1$,由 $f(1) = 1$,可得

$$f(mn) = f(n) = f(n)f(1) = f(m)f(n)$$

当 $m>1,n>1$ 时,设 $m = p_1^{\alpha_1} p_2^{\alpha_2} \cdots p_s^{\alpha_s}$, $n = q_1^{\beta_1} q_2^{\beta_2} \cdots q_t^{\beta_t}$。如果 $(m,n)=1$,则对任意的 p_i、$q_j (1 \leqslant i \leqslant s, 1 \leqslant j \leqslant t)$,有 $p_i \neq q_j$,$p_1^{\alpha_1}, p_2^{\alpha_2}, \cdots, p_s^{\alpha_s}, q_1^{\beta_1}, q_2^{\beta_2}, \cdots, q_t^{\beta_t}$ 两两互素。所以

$$f(mn) = f(p_1^{\alpha_1} p_2^{\alpha_2} \cdots p_s^{\alpha_s} q_1^{\beta_1} q_2^{\beta_2} \cdots q_t^{\beta_t})$$
$$= f(p_1^{\alpha_1})f(p_2^{\alpha_2}) \cdots f(p_s^{\alpha_s})f(q_1^{\beta_1})f(q_2^{\beta_2}) \cdots f(q_t^{\beta_t}) = f(m)f(n)$$

即 $f(n)$ 是积性的。

要证明 $f(n)$ 是完全积性的,则去掉 $(m,n)=1$ 的条件。此时 m、n 的标准分解式中 $p_i (1 \leqslant i \leqslant s)$ 和 $q_j (1 \leqslant j \leqslant t)$ 存在相等的元素。将相等的元素合在一起,不妨假定前 $e(e \leqslant s, e \leqslant t)$ 项相等,则 mn 的标准分解式为

$$mn = p_1^{\alpha_1+\beta_1} p_2^{\alpha_2+\beta_2} \cdots p_e^{\alpha_e+\beta_e} p_{e+1}^{\alpha_{e+1}} \cdots p_s^{\alpha_s} q_{e+1}^{\beta_{e+1}} q_{e+2}^{\beta_{e+2}} \cdots q_t^{\beta_t}$$

按照式(1.1.2),有

$$f(mn) = f^{\alpha_1+\beta_1}(p_1) f^{\alpha_2+\beta_2}(p_2) \cdots f^{\alpha_e+\beta_e}(p_e) f^{\alpha_{e+1}}(p_{e+1}) \cdots f^{\alpha_s}(p_s) f^{\beta_{e+1}}(q_{e+1}) f^{\beta_{e+2}}(q_{e+2}) \cdots f^{\beta_t}(q_t)$$
$$= f^{\alpha_1}(p_1) f^{\alpha_2}(p_2) \cdots f^{\alpha_s}(p_s) f^{\beta_1}(q_1) f^{\beta_2}(q_2) \cdots f^{\beta_t}(q_t) = f(m)f(n)$$

证毕。

定理 2.1.2 设 f 是不恒为 0 的积性函数,则 $F(n) = \sum_{d|n} f(d)$ 也是积性函数,其中 $\sum_{d|n}$ 表示对 n 的所有正因子求和。

证明 $F(1)=f(1)=1$。当 $n>1$ 时,设 $n = p_1^{\alpha_1} p_2^{\alpha_2} \cdots p_s^{\alpha_s}$,由定理 1.2.14,$p_1^{\beta_1} p_2^{\beta_2} \cdots p_s^{\beta_s}$ $(0 \leqslant \beta_i \leqslant \alpha_i, i=1,2,\cdots,s)$ 是 n 的所有因子。

$$F(n) = \sum_{d|n} f(d) = \sum_{\beta_1=0}^{\alpha_1} \sum_{\beta_2=0}^{\alpha_2} \cdots \sum_{\beta_s=0}^{\alpha_s} f(p_1^{\beta_1} p_2^{\beta_2} \cdots p_s^{\beta_s})$$

$$= \sum_{\beta_1=0}^{\alpha_1} \sum_{\beta_2=0}^{\alpha_2} \cdots \sum_{\beta_s=0}^{\alpha_s} [f(p_1^{\beta_1}) f(p_2^{\beta_2}) \cdots f(p_s^{\beta_s})]$$

$$= \left[\sum_{\beta_1=0}^{\alpha_1} f(p_1^{\beta_1}) \right] \left[\sum_{\beta_2=0}^{\alpha_2} f(p_2^{\beta_2}) \right] \cdots \left[\sum_{\beta_s=0}^{\alpha_s} f(p_s^{\beta_s}) \right]$$

$$= \left[\sum_{d_1|p_1^{\alpha_1}} f(d_1) \right] \left[\sum_{d_2|p_2^{\alpha_2}} f(d_2) \right] \cdots \left[\sum_{d_s|p_s^{\alpha_s}} f(d_s) \right]$$

$$= F(p_1^{\alpha_1}) F(p_2^{\alpha_2}) \cdots F(p_s^{\alpha_s})$$

所以 $F(n)$ 是积性的。

证毕。

定理 2.1.3 设 f,g 是两个积性函数,则 $F(n) = \sum_{d|n} f(d) g\left(\dfrac{n}{d}\right)$ 也是积性函数。

证明 由 $f(1)=g(1)=1$ 得 $F(1)=1$。

当 $n = p_1^{\alpha_1} p_2^{\alpha_2} \cdots p_s^{\alpha_s}$ 时,

$$F(n) = \sum_{\beta_1=0}^{\alpha_1} \sum_{\beta_2=0}^{\alpha_2} \cdots \sum_{\beta_s=0}^{\alpha_s} f(p_1^{\beta_1} p_2^{\beta_2} \cdots p_s^{\beta_s}) g(p_1^{\alpha_1-\beta_1} p_2^{\alpha_2-\beta_2} \cdots p_s^{\alpha_s-\beta_s})$$

$$= \sum_{\beta_1=0}^{\alpha_1} \sum_{\beta_2=0}^{\alpha_2} \cdots \sum_{\beta_s=0}^{\alpha_s} \left[f(p_1^{\beta_1}) f(p_2^{\beta_2}) \cdots f(p_s^{\beta_s}) g(p_1^{\alpha_1-\beta_1}) g(p_2^{\alpha_2-\beta_2}) \cdots g(p_s^{\alpha_s-\beta_s}) \right]$$

$$= \sum_{\beta_1=0}^{\alpha_1} \left[f(p_1^{\beta_1}) g(p_1^{\alpha_1-\beta_1}) \right] \sum_{\beta_2=0}^{\alpha_2} \left[f(p_2^{\beta_2}) g(p_2^{\alpha_2-\beta_2}) \right] \cdots \sum_{\beta_s=0}^{\alpha_s} \left[f(p_s^{\beta_s}) g(p_s^{\alpha_s-\beta_s}) \right]$$

$$= F(p_1^{\alpha_1}) F(p_2^{\alpha_2}) \cdots F(p_s^{\alpha_s})$$

所以 $F(n)$ 是积性的。 证毕。

2.2 函数 $\tau(n)$ 和 $\sigma(n)$

定义 2.2.1 设 $n \in \mathbf{N}$，定义 $\tau(n) = \sum_{d|n} 1, \sigma(n) = \sum_{d|n} d$，即 $\tau(n)$ 是 n 的所有正因子的个数，$\sigma(n)$ 是 n 的所有正因子之和。

定理 2.2.1 设 $n \in \mathbf{N}$，

(1) $\tau(n)$ 是积性的。

(2) 如果 n 为素数，$\tau(n)=2$。如果 $n=p^{\alpha}$（其中 p 为素数），则 $\tau(p^{\alpha})=\alpha+1$。

(3) 如果 $n=p_1^{\alpha_1} p_2^{\alpha_1} \cdots p_s^{\alpha_s}$，则

$$\tau(n) = (\alpha_1+1)(\alpha_2+1)\cdots(\alpha_s+1) = \prod_{i=1}^{s} (\alpha_i+1)$$

证明

(1) 因为常数函数 $f(n)=1$ 是积性的，$\tau(n) = \sum_{d|n} f(d)$，由定理 2.1.2，$\tau(n)$ 是积性的。

(2) 若 n 为素数，则 n 只有两个因子：1 和 n，所以 $\tau(n)=2$。若 $n=p^{\alpha}$，则 n 的因子为 $n=p^{\beta}(0 \leqslant \beta \leqslant \alpha)$，$\tau(n) = \sum_{\beta=0}^{\alpha} 1 = (\alpha+1)$。

(3) 当 $n=p_1^{\alpha_1} p_2^{\alpha_2} \cdots p_s^{\alpha_s}$ 时，

$$\tau(n) = \tau(p_1^{\alpha_1})\tau(p_2^{\alpha_2})\cdots\tau(p_s^{\alpha_s}) = (\alpha_1+1)(\alpha_2+1)\cdots(\alpha_s+1)$$

证毕。

定理 2.2.2 设 $n \in \mathbf{N}$。

(1) $\sigma(n)$ 是积性的。

(2) 如果 n 为素数，则 $\sigma(n)=n+1$。如果 $n=p^{\alpha}$（p 为素数），则

$$\sigma(p^{\alpha}) = \frac{p^{\alpha+1}-1}{p-1}$$

(3) 如果 $n=p_1^{\alpha_1} p_2^{\alpha_2} \cdots p_s^{\alpha_s}$，则

$$\sigma(n) = \frac{p_1^{\alpha_1+1}-1}{p_1-1} \frac{p_2^{\alpha_2+1}-1}{p_2-1} \cdots \frac{p_s^{\alpha_s+1}-1}{p_s-1} = \prod_{i=1}^{s} \frac{p_i^{\alpha_i+1}-1}{p_i-1}$$

证明

(1) 因为恒等函数 $f(n)=n$ 是积性的，$\sigma(n) = \sum_{d|n} d = \sum_{d|n} f(d)$，由定理 2.1.2，$\sigma(n)$

是积性的。

（2）如果 n 为素数，n 只有两个因子：1 和 n，$\sigma(n) = \sum\limits_{d|n} d = 1 + n$。如果 $n = p^{\alpha}$，则

$$\sigma(n) = \sum_{\beta=0}^{\alpha} p^{\beta} = 1 + p + p^2 + \cdots + p^{\alpha} = \frac{p^{\alpha+1} - 1}{p - 1}$$

（3）如果 $n = p_1^{\alpha_1} p_2^{\alpha_2} \cdots p_s^{\alpha_s}$，则

$$\sigma(n) = \sigma(p_1^{\alpha_1})\sigma(p_2^{\alpha_2})\cdots\sigma(p_s^{\alpha_s}) = \frac{p_1^{\alpha_1+1} - 1}{p_1 - 1} \frac{p_2^{\alpha_2+1} - 1}{p_2 - 1} \cdots \frac{p_s^{\alpha_s+1} - 1}{p_s - 1} = \prod_{i=1}^{s} \frac{p_i^{\alpha_i+1} - 1}{p_i - 1}$$

证毕。

2.3 函数 $\mu(n)$ 及 Möbius 变换

定义 2.3.1　设 $n \in \mathbf{N}$，n 的标准分解式为 $n = p_1^{\alpha_1} p_2^{\alpha_2} \cdots p_s^{\alpha_s}$，定义以下函数：

$$\mu(n) = \begin{cases} 1, & n = 1 \\ 0, & \text{如果存在 } i \in \{1, 2, \cdots, s\}\text{，使得 } \alpha_i \geqslant 2 \\ (-1)^s, & \text{其他} \end{cases}$$

称函数 $\mu(n)$ 为 Möbius 函数。

由定义 2.3.1 可见：如果 n 含有素数的平方因子，$\mu(n) = 0$；如果 n 是偶数个不同素数的乘积，$\mu(n) = 1$；如果是奇数个不同素数的乘积，$\mu(n) = -1$。

表 2.3.1 是一些 n 的 $\mu(n)$ 函数值。

表 2.3.1　一些 n 的 $\mu(n)$ 函数值

n	1	2	3	4	5	6	7	8	9	10	100	101	102
$\mu(n)$	1	−1	−1	0	−1	1	−1	0	0	1	0	−1	−1

定理 2.3.1　设 $n \in \mathbf{N}$。

（1）$\mu(n)$ 是积性的。

（2）设 $\nu(n) = \sum\limits_{d|n} \mu(d)$，则

$$\nu(n) = \begin{cases} 1, & n = 1 \\ 0, & n > 1 \end{cases}$$

证明

（1）由定义 2.3.1，$\mu(1) = 1$。设 $m, n \in \mathbf{N}$，$(m, n) = 1$，如果 m 或 n 有素数平方因子，即 $\mu(m) = 0$ 或 $\mu(n) = 0$，则 mn 也有素数平方因子，因此 $\mu(mn) = 0$，所以 $\mu(mn) = \mu(m)\mu(n)$。否则，设 $m = p_1 p_2 \cdots p_s$，$n = q_1 q_2 \cdots q_t$。由 $(m, n) = 1$，有 $p_i \neq q_j$（$i = 1, 2, \cdots, s$；$j = 1, 2, \cdots, t$），因此

$$\mu(mn) = \mu(p_1 p_2 \cdots p_s q_1 q_2 \cdots q_t) = (-1)^{s+t} = (-1)^s (-1)^t = \mu(m)\mu(n)$$

（2）$n = 1$ 时，$\nu(1) = \sum\limits_{d|n} \mu(d) = 1$。$n > 1$ 时，由 $\mu(n)$ 是积性的及定理 2.1.2 知 $\nu(n)$ 是积性的。因此，求 $\nu(n)$ 时只需对 n 的标准分解式中的每一项素数幂进行计算即可。

$$\nu(p^a) = \sum_{d \mid p^a} \mu(d) = \mu(1) + \mu(p) + \mu(p^2) + \cdots + \mu(p^a)$$
$$= 1 + (-1) + 0 + 0 + \cdots + 0 = 0$$

所以，$\nu(n) = 0$。　　　　　　　　　　　　　　　　　　　　　　　　　　　证毕。

在函数 $\tau(n) = \sum\limits_{d \mid n} 1$ 中取 $f(n) = 1$，在函数 $\sigma(n) = \sum\limits_{d \mid n} d$ 中取 $f(d) = d$，在函数 $\nu(n) = \sum\limits_{d \mid n} \mu(d)$ 中取 $f(d) = \mu(d)$，都是形如

$$F(n) = \sum_{d \mid n} f(d) \quad (n \in \mathbf{N}) \tag{2.3.1}$$

的函数。特别地，当 $f(n)$ 是积性函数时，$F(n)$ 是容易计算的。称式(2.3.1)是函数 $f(n)$ 的 Möbius 变换，而由 $F(n)$ 求 $f(n)$ 称为函数 $F(n)$ 的 Möbius 反变换。

定理 2.3.2　设 $f(n)$、$F(n)$ $(n \in \mathbf{N})$ 是数论函数，则式(2.3.1)成立的充要条件是

$$f(n) = \sum_{d \mid n} \mu(d) F\left(\frac{n}{d}\right) = \sum_{d \mid n} \mu\left(\frac{n}{d}\right) F(d) \tag{2.3.2}$$

证明

必要性：假设式(2.3.1)成立，则

$$\sum_{d \mid n} \mu(d) F\left(\frac{n}{d}\right) = \sum_{d \mid n} \mu(d) \sum_{m \mid \frac{n}{d}} f(m) = \sum_{m \mid n} f(m) \sum_{d \mid \frac{n}{m}} \mu(d)$$

由定理 2.3.1 的(2)，当 $\dfrac{n}{m} = 1$ 时，$\sum\limits_{d \mid \frac{n}{m}} \mu(d) = 1$；否则 $\sum\limits_{d \mid \frac{n}{m}} \mu(d) = 0$。所以上式等于 $f(n)$。

充分性：设式(2.3.2)成立，则

$$\sum_{d \mid n} f(d) = \sum_{d \mid n} \sum_{m \mid d} \mu(m) F\left(\frac{d}{m}\right) = \sum_{m \mid n} \mu(m) \sum_{m \mid d, d \mid n} F\left(\frac{d}{m}\right)$$

令 $d = mk$，则

$$\sum_{d \mid n} f(d) = \sum_{m \mid n} \mu(m) \sum_{k \mid \frac{n}{m}} F(k) = \sum_{k \mid n} F(k) \sum_{m \mid \frac{n}{k}} \mu(m)$$

由定理 2.3.1 的(2)，当 $\dfrac{n}{k} = 1$ 时，$\sum\limits_{m \mid \frac{n}{k}} \mu(m) = 1$；否则 $\sum\limits_{m \mid \frac{n}{k}} \mu(m) = 0$。所以，$\sum\limits_{d \mid n} f(d) = F(n)$。　　　　　　　　　　　　　　　　　　　　　　　　　　　证毕。

推论　$f(n)$、$F(n)$ 如定理 2.3.2 所述，则 $f(n)$ 是积性的充要条件是 $F(n)$ 是积性的。

证明

必要性：即为定理 2.1.2。

充分性：在定理 2.1.3 中取 $f(d) = \mu(d)$，$g\left(\dfrac{n}{d}\right) = F\left(\dfrac{n}{d}\right)$，即得。　　　　　证毕。

例 2.3.1　设 $n \in \mathbf{N}$，n 的标准分解式是 $n = p_1^{a_1} p_2^{a_2} \cdots p_s^{a_s}$，定义

$$\Omega(n) = \begin{cases} a_1 + a_2 + \cdots + a_s, & n > 1 \\ 0, & n = 1 \end{cases}$$

及 $\lambda(n) = (-1)^{\Omega(n)}$ $(n \geqslant 1)$。求 $\lambda(n)$ 的 Möbius 变换。

解　由 $\Omega(mn) = \Omega(m) + \Omega(n)$ 可得 $\lambda(n)$ 是完全积性的。由定理 2.1.2 知，$\lambda(n)$ 的

Möbius 函数 $F(n)$ 也是积性的，

$$F(p^\alpha) = \sum_{d \mid p^\alpha} \lambda(d) = \sum_{d \mid p^\alpha} (-1)^{\Omega(d)}$$

$$= (-1)^{\Omega(1)} + (-1)^{\Omega(p)} + (-1)^{\Omega(p^2)} + \cdots + (-1)^{\Omega(p^\alpha)}$$

$$= (-1)^0 + (-1)^1 + (-1)^2 + \cdots + (-1)^\alpha$$

$$= \begin{cases} 1, & 2 \mid \alpha \\ 0, & 2 \nmid \alpha \end{cases}$$

所以

$$F(n) = \prod_{i=1}^{s} F(p_i^{\alpha_i}) = \begin{cases} 1 & n \text{ 是完全平方，即 } 2 \mid \alpha_1, 2 \mid \alpha_2, \cdots, 2 \mid \alpha_s \\ 0, & \text{其他} \end{cases}$$

例 2.3.2 求 $F(n) = n^t$ 的 Möbius 反变换。

解 易知 n^t 是积性函数，由式 (2.3.2) 得

$$f(p^\alpha) = \sum_{d \mid p^\alpha} \mu(d) F\left(\frac{p^\alpha}{d}\right) = \mu(1) F(p^\alpha) + \mu(p) F(p^{\alpha-1})$$

$$= p^{\alpha t} - p^{(\alpha-1)t} = p^{\alpha t}(1 - p^{-t})$$

所以

$$f(n) = \prod_{p \mid n} f(p^\alpha) = n^t \prod_{p \mid n} (1 - p^{-t})$$

2.4 函数 $\varphi(n)$

定义 2.4.1 设 $n \in \mathbf{N}$，$\varphi(n)$ 定义为不大于 n 且与 n 互素的正整数的个数，即 $\varphi(n) = \sum_{\substack{1 \leqslant k \leqslant n \\ (k,n)=1}} 1$。称 $\varphi(n)$ 为 n 的 Euler 函数。

表 2.4.1 是一些数的 Euler 函数值。

表 2.4.1 一些数的 Euler 函数值

n	1	2	3	4	5	6	7	8	9	10	100
$\varphi(n)$	1	1	2	2	4	2	6	4	6	4	40

定理 2.4.1 设 $n \in \mathbf{N}$，则 $\sum_{d \mid n} \varphi(d) = n$。

证明 设 S_n 表示有理数的集合：

$$S_n = \left\{ \frac{1}{n}, \frac{2}{n}, \cdots, \frac{n}{n} \right\}$$

T_n 表示 S_n 中的既约分数（即分子与分母互素的分数）的集合。显然 $|S_n| = n$，$|T_n| = \varphi(n)$。例如：

$$S_6 = \left\{ \frac{1}{6}, \frac{2}{6}, \frac{3}{6}, \frac{4}{6}, \frac{5}{6}, \frac{6}{6} \right\}, \quad T_6 = \left\{ \frac{1}{6}, \frac{5}{6} \right\}$$

将 S_n 中的数全部化简为即约的，得 S_n'，例如

$$S_6' = \left\{\frac{1}{6}, \frac{1}{3}, \frac{1}{2}, \frac{2}{3}, \frac{5}{6}, \frac{1}{1}\right\}$$

则 $\frac{e}{d} \in S_n'$ 当且仅当 $d \mid n, 1 \leqslant e \leqslant d$, 且 $(e,d)=1$。即对 n 的固定因子 d, $\frac{e}{d}$ 构成集合 T_d, 所以 $|T_d| = \varphi(d)$。对 S_n' 按照 d 划分, 得到不相交的集合 T_d。有

$$S_n' = \bigcup_{d \mid n} T_d, n = |S_n'| = \sum_{d \mid n} T(d) = \sum_{d \mid n} \varphi(d)$$

证毕。

定理 2.4.2　设 $n \in \mathbf{N}$。

(1) $\varphi(n)$ 是积性的。

(2) 如果 n 为素数, 则 $\varphi(n) = n-1$。如果 $n = p^\alpha$(p 为素数), 则

$$\varphi(n) = p^\alpha - p^{\alpha-1} = p^\alpha\left(1 - \frac{1}{p}\right)$$

(3) 如果 $n = p_1^{\alpha_1} p_2^{\alpha_2} \cdots p_s^{\alpha_s}$, 则

$$\varphi(n) = n \prod_{p \mid n}\left(1 - \frac{1}{p}\right)$$

证明

(1) 在定理 2.4.1 中取 $F(n)=n$, 由定理 2.3.2, 有

$$\varphi(n) = \sum_{d \mid n} \mu(d) F\left(\frac{n}{d}\right)$$

因为 $F(n)$ 是积性的, 由定理 2.3.2 的推论知 $\varphi(n)$ 是积性的。

(2) 如果 n 为素数, 则 $1,2,\cdots,n-1$ 都与 n 互素, 所以 $\varphi(n)=n-1$。如果 $n=p^\alpha$, 则在 $1,2,\cdots,p^\alpha$ 中与 n 不互素的数一定包含因子 p, 即 $p,2p,\cdots,(p^{\alpha-1})p$ 是与 n 不互素的数, 有 $p^{\alpha-1}$ 个。因此与 n 互素的数的个数为

$$\varphi(p^\alpha) = p^\alpha - p^{\alpha-1} = p^\alpha\left(1 - \frac{1}{p}\right)$$

(3) 对 s 用归纳法。当 $s=1$ 时, 即为(2)。设 $s-1$ 时 $\varphi(n) = n \prod_{p \mid n}\left(1 - \frac{1}{p}\right)$ 成立, 则当 s 时, 因为 $(p_1^{\alpha_1} p_2^{\alpha_2} \cdots p_{s-1}^{\alpha_{s-1}}, p_s^{\alpha_s})=1$, 由 $\varphi(n)$ 的积性得

$$\varphi(n) = \varphi(p_1^{\alpha_1} p_2^{\alpha_2} \cdots p_{s-1}^{\alpha_{s-1}}) \varphi(p_s^{\alpha_s}) = p_1^{\alpha_1} p_2^{\alpha_2} \cdots p_{s-1}^{\alpha_{s-1}} \left[\prod_{i=1}^{s-1}\left(1 - \frac{1}{p_i}\right)\right] p_s^{\alpha_s}\left(1 - \frac{1}{p_s}\right)$$

$$= p_1^{\alpha_1} p_2^{\alpha_2} \cdots p_{s-1}^{\alpha_{s-1}} p_s^{\alpha_s} \prod_{i=1}^{s}\left(1 - \frac{1}{p_i}\right) = n \prod_{p \mid n}\left(1 - \frac{1}{p}\right)$$

证毕。

例 2.4.1　求 $F(n) = \varphi(n)$ 的 Möbius 反变换。

解　因 $\varphi(n)$ 是积性的, 由定理 2.3.2 的推论知它的反变换也是积性的。设 $n = p_1^{\alpha_1} p_2^{\alpha_2} \cdots p_s^{\alpha_s}$, 只需求每一个素因子幂的 Möbius 反变换。由式(2.3.2), 有

$$f(p^\alpha) = \sum_{d \mid p^\alpha} \mu(d) F\left(\frac{p^\alpha}{d}\right) = \mu(1)F(p^\alpha) + \mu(p)F(p^{\alpha-1}) + \mu(p^2)F(p^{\alpha-2}) + \cdots$$

$$= F(p^\alpha) - F(p^{\alpha-1})$$

当 $\alpha=1$ 时,有

$$F(p^\alpha)-F(p^{\alpha-1})=p-2=p\left(1-\frac{2}{p}\right)=p^\alpha\left(1-\frac{2}{p}\right)$$

当 $\alpha\geqslant 2$ 时,有

$$\begin{aligned}F(p^\alpha)-F(p^{\alpha-1})&=p^\alpha-p^{\alpha-1}-(p^{\alpha-1}-p^{\alpha-2})\\&=p^\alpha-2p^{\alpha-1}+p^{\alpha-2}\\&=p^\alpha\left(1-\frac{1}{p}\right)^2\end{aligned}$$

所以,由定理 2.1.1 得

$$f(n)=n\prod_{p\|n}\left(1-\frac{2}{p}\right)\prod_{p^2|n}\left(1-\frac{1}{p}\right)^2$$

其中,$p\|n$ 表示 $p|n$ 但 $p^2\nmid n$。

习　题

1. 设 $n\in\mathbf{N}$,求 $\sum\limits_{d|n}\dfrac{1}{d}$。

2. 证明:n 是素数的充要条件是 $\sigma(n)=n+1$。

3. 证明:$\sum\limits_{d|n}\tau^3(d)=\left[\sum\limits_{d|n}\tau(d)\right]^2$。

4. 设 $f(n)$ 是积性函数,k,l 是给定的正整数,证明:$F_{k,l}(n)=\sum\limits_{d^k|n}f(d^l)$ 是 n 的积性函数。

5. 证明:$\sum\limits_{d^2|n}\mu(d)=\mu^2(n)=|\mu(n)|$,其中 $\sum\limits_{d^2|n}$ 表示对所有满足 $d^2|n$ 的正整数 d 求和。

6. 求 $\sum\limits_{d|n}\mu(d)\sigma(d)$ 的值。

7. (1) 设 $k|n$,证明:$\sum\limits_{\substack{d=1\\(d,n)=k}}^n 1=\varphi\left(\dfrac{n}{k}\right)$。

   (2) 设 $f(n)$ 是数论函数,证明:$\sum\limits_{d=1}^n f((d,n))=\sum\limits_{d|n}f(d)\varphi\left(\dfrac{n}{d}\right)$。

8. 求 $\dfrac{\mu^2(n)}{\varphi(n)}$ 的 Möbius 变换。

9. 求 $F(n)=\ln n$ 的 Möbius 反变换。

第3章 同 余

3.1 同余的概念及性质

定义 3.1.1 设 $m \neq 0, a, b \in \mathbf{Z}$。若 $m \mid a-b$，就称 a 与 b 模 m 同余，记为 $a \equiv b \bmod m$，称 b 是 a 对模 m 的剩余；否则称 a 与 b 模 m 不同余，记为 $a \not\equiv b \bmod m$。

因为 $m \mid a-b$ 等价于 $-m \mid a-b$，所以以后总假定模 $m > 0$。

在定义 3.1.1 中，如果 $0 \leqslant b < m$，则称 b 是 a 对模 m 的最小非负剩余；若 $1 \leqslant b \leqslant m$，则称 b 是 a 对模 m 的最小正剩余；若 $-\dfrac{m}{2} < b \leqslant \dfrac{m}{2}$ 或 $-\dfrac{m}{2} \leqslant b < \dfrac{m}{2}$，则称 b 是 a 对模 m 的绝对最小剩余。

定义 3.1.1 中的 $m \mid a-b$ 等价于：存在 $q \in \mathbf{N}$，使得 $a = b + qm$。可得如下等价定义。

定义 3.1.1′ 对 $m \in \mathbf{N}, a, b \in \mathbf{Z}$，若存在 $q \in \mathbf{Z}$，使得 $a = b + qm$，则 $a \equiv b \bmod m$。

在很多计算中，经常用 b（较小）代替 a（较大）。特别地，取 b 为 a 对模 m 的绝对最小剩余，可使计算大为简化。

定理 3.1.1 $a \equiv b \bmod m$ 的充要条件是 a 和 b 被 m 除后所得的最小非负余数相等。即，若

$$a = q_1 m + r_1, \quad 0 \leqslant r_1 < m$$
$$b = q_2 m + r_2, \quad 0 \leqslant r_2 < m$$

则 $r_1 = r_2$。

证明 $a - b = (q_1 - q_2)m + (r_1 - r_2)$，由 $m \mid a-b$ 得 $m \mid r_1 - r_2$。但 $0 \leqslant |r_1 - r_2| < m$，所以必有 $r_1 = r_2$。 证毕。

定理 3.1.1 的余数相同，正是"同余"的意义所在。下面是同余的性质。

定理 3.1.2 同余是等价关系，即同余具有以下 3 个性质。

(1) 自反性：$a \equiv a \bmod m$。

(2) 对称性：$a \equiv b \bmod m \Leftrightarrow b \equiv a \bmod m$。

(3) 传递性：$a \equiv b \bmod m, b \equiv c \bmod m \Rightarrow a \equiv c \bmod m$。

证明 $m \mid a-a, m \mid a-b \Leftrightarrow m \mid b-a, m \mid a-b, m \mid b-c \Rightarrow m \mid (a-b)+(b-c)=a-c$。 证毕。

定理 3.1.3 同余式可以相加、相乘，即，如果 $a \equiv b \bmod m, c \equiv d \bmod m$，则 $a + c \equiv (b+d) \bmod m, ac \equiv (bd) \bmod m$。

证明 由 $a = b + q_1 m, c = d + q_2 m$ 得

$$a + c = (b + d) + (q_1 + q_2)m$$
$$ac = bd + (bq_2 + cq_1 + q_1 q_2 m)m$$

所以

$$a + c \equiv (b + d) \bmod m, \quad ac \equiv (bd) \bmod m$$

证毕。

定理 3.1.4 设 $f(x) = a_n x^n + \cdots + a_2 x^2 + a_1 x + a_0, g(x) = b_n x^n + \cdots + b_2 x^2 + b_1 x + b_0$，满足 $a_i \equiv b_i \bmod m (1 \leqslant i \leqslant n)$。若 $x_1 \equiv x_2 \bmod m$，则 $f(x_1) \equiv g(x_2) \bmod m$。此时称两个多项式模 m 同余。

证明 反复利用定理 3.1.3 即得。 证毕。

定理 3.1.5 设 $a \equiv b \bmod m, d | m$，其中 $d \in \mathbf{N}$，则 $a \equiv b \bmod d$。

证明 $d | m, m | a - b \Rightarrow d | a - b$。 证毕。

定理 3.1.6 设 $a \equiv b \bmod m, d > 0$，则 $ad \equiv (bd) \bmod (md)$。

证明 由 $m | a - b, md | ad - bd$ 即得。 证毕。

一般地，由 $ac \equiv bc \bmod m$ 不能推出 $a \equiv b \bmod m$。例如，$3 \cdot 6 \equiv 8 \cdot 6 \bmod 10$，但 $3 \not\equiv 8 \bmod 10$。但有如下性质。

定理 3.1.7 设 $ca \equiv cb \bmod m, (c, m) = 1$，则有 $a \equiv b \bmod m$。

证明 由 $m | ca - cb = c(a - b), (c, m) = 1$ 可得 $m | a - b$。 证毕。

定理 3.1.8 若 $(a, m) = 1$，则存在 c 使得 $ca \equiv 1 \bmod m$。称 c 是 a 对模 m 的逆元，记作 $a^{-1} \bmod m$ 或 a^{-1}。

证明 由定理 1.2.4 及 $(a, m) = 1$ 可知，存在 $x, y \in \mathbf{Z}$，使得 $ax + my = 1$。取 $c = x$ 即得。 证毕。

可见，由广义 Euclid 算法不仅可以求出 (a, m)，而且当 $(a, m) = 1$ 时，还可以求出 $a^{-1} \bmod m$。

定理 3.1.9 $a \equiv b \bmod m_i$，其中 $m_i \in \mathbf{N}(i = 1, 2, \cdots, k)$，当且仅当 $a \equiv b \bmod [m_1 m_2 \cdots m_k]$。

证明

必要性： 由 $a \equiv b \bmod m_i$，得 $m_i | a - b (i = 1, 2, \cdots, k)$，所以 $[m_1 m_2 \cdots m_k] | a - b, a \equiv b \bmod [m_1 m_2 \cdots m_k]$。

充分性： 由 $m_i | [m_1 m_2 \cdots m_k](1 \leqslant i \leqslant k)$ 即得。 证毕。

例 3.1.1 2019 年 2 月 4 日是星期一。从该天数起，第 2^{2018} 天是星期几？

解 因为 $2^1 \equiv 2 \bmod 7, 2^2 \equiv 4 \bmod 7, 2^3 \equiv 1 \bmod 7$，即 2 在模 7 下求幂时，得到的结果以 2^3 为周期。因 $2018 = 3 \cdot 672 + 2$，所以 $2^{2018} = (2^3)^{672} \cdot 2^2 \equiv 4 \bmod 7$，即第 2^{2018} 天是星期五。

例 3.1.2 求 3^{406} 的个位数。

解 $3^1 \equiv 3 \bmod 10, 3^2 \equiv 9 \equiv -1 \bmod 10, 3^4 \equiv 1 \bmod 10$。而 $406 = 4 \cdot 101 + 2$，所以 $3^{406} = (3^4)^{101} \cdot 3^2 \equiv 9 \bmod 10$，即个位数是 9。

3.2 剩余类与剩余系

由定理 3.1.2 知，同余是一种等价关系，因此全体整数可按照给定的模 m 是否同余，划分为若干个两两不相交的集合，使得在同一集合中的任意两个数模 m 同余，不同集合中的任意两个数模 m 不同余，这样得到的集合就是模 m 的同余类。

设 $m \in \mathbf{N}$，对任意的 $a \in \mathbf{Z}$，定义集合 $[a]_m = \{c \mid c \in \mathbf{Z}, c \equiv a \bmod m\}$。如果模 m 是清晰的，可将它简记为 $[a]$。

$[a]$ 有以下性质。

定理 3.2.1

(1) $[a] = [b] \Leftrightarrow a \equiv b \bmod m$。

(2) 对任意的 $a, b \in \mathbf{Z}$，或者 $[a] = [b]$，或者 $[a] \bigcap [b] = \varnothing$。

证明

(1) 先证明"⇒"。$a \in [a] = [b]$，所以 $a \equiv b \bmod m$。

再证明"⇐"。对 $\forall c \in [a]$，得 $c \equiv a \bmod m$。由 $a \equiv b \bmod m$，得 $c \equiv b \bmod m$，所以 $c \in [b]$，即 $[a] \subseteq [b]$。同理 $[b] \subseteq [a]$，所以 $[a] = [b]$。

(2) 若 $[a] \neq [b]$，则必有 $[a] \bigcap [b] = \varnothing$，否则存在 $c \in [a] \bigcap [b]$。$c \in [a]$ 且 $c \in [b]$，所以 $c \equiv a \bmod m, c \equiv b \bmod m$，可得 $a \equiv b \bmod m$。由 (1)，$[a] = [b]$，矛盾。　　　　证毕。

定义 3.2.1　$[a]$ 称为模 m 下 a 的剩余类。

定理 3.2.2　对 $m \in \mathbf{N}$，有且仅有 m 个模 m 的剩余类 $[0], [1], [2], \cdots, [m-1]$。

证明　由定理 3.2.1 的 (2)，$[0], [1], [2], \cdots, [m-1]$ 互不相交。对任意的 $c \in \mathbf{Z}$，由定理 1.2.1，存在 q, r，使得 $c = qm + r$，其中 $0 \leqslant r < m-1$，因此 $c \in [r]$。　　　　证毕。

由定理 3.2.1 和定理 3.2.2 知，$[0], [1], [2], \cdots, [m-1]$ 形成 $\mathbf{Z}$ 的一个划分。

定义 3.2.2　在模 m 的 m 个剩余类 $[0], [1], [2], \cdots, [m-1]$ 的每一个中任取一个代表元素，形成一列数：$y_0, y_1, y_2, \cdots, y_{m-1}$，称为模 m 的一个完全剩余系。

显然，完全剩余系中任意两个数模 m 不同余。

因为 $a \equiv b \bmod m \Leftrightarrow a = qm + b$，即 b 是 a 被 m 除所得的余数，由定理 1.2.1 的推论知，余数有各种取法，因此可得以下不同形式的完全剩余系。

(1) $0, 1, 2, \cdots, m-1$，称为模 m 的最小非负完全剩余系。

(2) $1, 2, \cdots, m$，称为模 m 的最小正完全剩余系。

(3) $-(m-1), -(m-2), \cdots, -1, 0$，称为模 m 的最大非正完全剩余系。

(4) $-m, -(m-1), \cdots, -1$，称为模 m 的最大负完全剩余系。

(5) $-\left\lfloor \dfrac{m}{2} \right\rfloor, \cdots, -1, 0, 1, \cdots, \left\lfloor \dfrac{m+1}{2} \right\rfloor - 1$ 称为绝对最小完全剩余系。

在求模指数运算或多项式求模运算时，使用绝对最小完全剩余系将使问题简化。

3.3 简化剩余类与简化剩余系

为了引入简化剩余类与简化剩余系,先证明如下定理。

定理3.3.1 设 $r \in \mathbf{Z}, a \in [r]_m$,则 $(a, m) = (r, m)$。

证明 $a \in [r]_m, a \equiv r \bmod m$,存在 $q \in \mathbf{N}$,使得 $a = r + qm$。由定理1.3.1得 $(a, m) = (r + qm, m) = (r, m)$。 证毕。

定义3.3.1 如果 $(r, m) = 1$,则 $[r]_m$ 称为模 m 的简化剩余类。

由定理3.3.1知,简化剩余类 $[r]_m$ 中的每一个元素都与 m 互素。

定义3.3.2 已知模 m 的所有简化剩余类,从每个类中任取一个元素构成的一列数称为模 m 的简化剩余系。

类似于完全剩余系,也有最小非负简化剩余系、最小正简化剩余系、最大非正简化剩余系、最大负简化剩余系、绝对最小简化剩余系等概念。

在定义3.3.2中取元素时,在模 m 的最小非负完全剩余系 $\{0, 1, 2, \cdots, m-1\}$ 中取,可有 $\varphi(m)$ 个取值,因此模 m 的简化剩余系中元素的个数为 $\varphi(m)$。

显然,任意给定 $\varphi(m)$ 个与 m 互素的数,只要它们两两模 m 不同余,就一定是模 m 的简化剩余系。在实际应用中,常用这个方法判断给定的一列数是否为简化剩余系。

定理3.3.2 设 $(a, m) = 1$,若 x 遍历模 m 的完全(简化)剩余系,则 ax 也遍历模 m 的完全(简化)剩余系。

证明 设 $x_1, x_2, \cdots, x_s$ 是模 m 的完全(简化)剩余系(当为完全剩余系时 $s = m$,当为简化剩余系时 $s = \varphi(m)$)。当 $(a, m) = 1$ 时,$ax_1, ax_2, \cdots, ax_s$ 必定两两模 m 不同余,否则设 $ax_i \equiv ax_j \bmod m$,其中 $i \neq j$。由定理3.1.7得 $x_i \equiv x_j \bmod m$,矛盾。因此 $ax_1, ax_2, \cdots, ax_s$ 也是模 m 的完全(简化)剩余系。 证毕。

定理3.3.3 设 $(m_1, m_2) = 1$,若 x、y 分别遍历模 m_1 和模 m_2 的完全(简化)剩余系,则 $m_2 x + m_1 y$ 遍历模 $m_1 m_2$ 的完全(简化)剩余系。

证明 先证明完全剩余系的情况。

若 x、y 分别遍历模 m_1、模 m_2 的完全剩余系,则 x、y 分别有 m_1、m_2 个取值,那么 $m_2 x + m_1 y$ 有 $m_1 m_2$ 个取值。下面证明这 $m_1 m_2$ 个取值两两模 $m_1 m_2$ 不同余,否则存在 $(x, y) \not\equiv (x', y')$,但 $m_2 x + m_1 y \equiv (m_2 x' + m_1 y') \bmod m_1 m_2$ 的情况。由定理3.1.5得

$$m_2 x + m_1 y \equiv (m_2 x' + m_1 y') \bmod m_1, \quad m_2 x \equiv m_2 x' \bmod m_1$$

由 $(m_1, m_2) = 1$ 及定理3.1.7得 $x \equiv x' \bmod m_1$,类似地可得 $y \equiv y' \bmod m_2$。这与 $(x, y) \not\equiv (x', y')$ 矛盾。

注: $(x, y) \not\equiv (x', y')$ 意指 $x \not\equiv x' \bmod m_1$,或 $y \not\equiv y' \bmod m_2$,或 $x \not\equiv x' \bmod m_1$ 且 $y \not\equiv y' \bmod m_2$。

对于简化剩余系需要证明两点:

(1) 对于满足 $(x, m_1) = 1$ 及 $(y, m_2) = 1$ 的任意 x、y,有 $(m_2 x + m_1 y, m_1 m_2) = 1$。

(2) 对于满足 $(c, m_1 m_2) = 1$ 的任意 c,存在 x、y,满足 $(x, m_1) = 1$ 及 $(y, m_2) = 1$,使得

$$c = m_2 x + m_1 y.$$

证明

（1）因为

$$(m_2 x + m_1 y, m_1) = (m_2 x, m_1) = (x, m_1) = 1$$
$$(m_2 x + m_1 y, m_2) = (m_1 y, m_2) = (y, m_2) = 1$$

所以

$$(m_2 x + m_1 y, m_1 m_2) = 1$$

（2）模 $m_1 m_2$ 简化剩余系中的任一元素 c 也是模 $m_1 m_2$ 完全剩余系中的元素，由上知，存在 x、y，使得 $c = m_2 x + m_1 y$。由 $(c, m_1 m_2) = 1$ 得 $(c, m_1) = 1$，$(c, m_2) = 1$。所以，

$$1 = (c, m_1) = (m_2 x + m_1 y, m_1) = (m_2 x, m_1) = (x, m_1)$$

同理可得 $(y, m_2) = 1$。   证毕。

3.4   Euler 函数

下面从简化剩余系的角度重新考虑 Euler 函数的性质。为完整起见，这里重新给出定理 2.4.2。

定理 3.4.1   设 $n \in \mathbf{N}$。

（1）$\varphi(n)$ 是积性的。

（2）如果 n 为素数，则 $\varphi(n) = n - 1$。如果 $n = p^\alpha$（p 为素数），则

$$\varphi(n) = p^\alpha - p^{\alpha-1} = p^\alpha\left(1 - \frac{1}{p}\right)$$

（3）如果 $n = p_1^{\alpha_1} p_2^{\alpha_2} \cdots p_s^{\alpha_s}$，则

$$\varphi(n) = n \prod_{p \mid n}\left(1 - \frac{1}{p}\right)$$

证明

（1）$\varphi(1) = 1$ 由定义 2.4.1 即得。由定理 3.3.3，当 x、y 分别遍历模 m_1 和模 m_2 的简化剩余系时，x 有 $\varphi(m_1)$ 个取值，y 有 $\varphi(m_2)$ 个取值，$m_2 x + m_1 y$ 有 $\varphi(m_1)\varphi(m_2)$ 个取值，而模 $m_1 m_2$ 的简化剩余系有 $\varphi(m_1 m_2)$ 个元素。由 $m_2 x + m_1 y$ 遍历模 $m_1 m_2$ 的简化剩余系，即可得 $\varphi(m_1 m_2) = \varphi(m_1)\varphi(m_2)$。

（2）由定义 2.4.1 知，$\varphi(p^\alpha)$ 等于满足 $1 \leqslant r \leqslant p^\alpha$ 且 $(r, p^\alpha) = 1$ 的 r 的个数。由于 p 是素数，由 $(r, p^\alpha) = 1$，必有 $(r, p) = 1$。否则，若 $(r, p) \neq 1$，则由例 1.2.3 知 $p \mid r$，从而 r 和 p^α 有公因子 p，与 $(r, p^\alpha) = 1$ 矛盾。而 $(r, p) = 1$ 当且仅当 $p \nmid r$，所以由 $(r, p^\alpha) = 1$ 得 $p \nmid r$，所以 $\varphi(p^\alpha)$ 等于 $1, 2, \cdots, p^\alpha$ 中不能被 p 整除的数的个数。由于 $1, 2, \cdots, p^\alpha$ 中能被 p 整除的数是 $p, 2p, \cdots, (p^{\alpha-1})p$，有 $p^{\alpha-1}$ 个，所以

$$\varphi(p^\alpha) = p^\alpha - p^{\alpha-1} = p^\alpha\left(1 - \frac{1}{p}\right)$$

证毕。

（3）证明同定理 2.4.1。

例 3.4.1 设 $n=pq$，其中 p、q 是两个不同的大素数，求 $\varphi(n)$。

解 由于 p、q 是不同的素数，所以

$$(p,q)=1$$

$$\varphi(n)=\varphi(pq)=\varphi(p)\varphi(q)=(p-1)(q-1)=pq-(p+q)+1$$
$$=n-(p+q)+1$$

例 3.4.2 已知 n、p、q 如例 3.4.1，证明分解 n（即由 n 求出 p、q）与求 $\varphi(n)$ 是等价的。

证明 由例 3.4.1，$p+q=n+1-\varphi(n)$，又知 $pq=n$，由一元二次方程根与系数的关系得 p、q 是方程 $x^2-(n+1-\varphi(n))x+n=0$ 的解。因此，已知 $\varphi(n)$，就可得该方程的两个解 p、q；反之，已知 p、q，由例 3.4.1 可得 $\varphi(n)$。

3.5   Euler 定理、Fermat 定理及 Wilson 定理

在实际应用中，常常需要考虑 $a^k \bmod m$ 形式的计算，称之为模指数运算。在 k 不断增大时，若该运算呈现周期性，就可由一个周期内的运算得到所有的结果。下面的 Euler 定理给出运算的一个周期。

定理 3.5.1（Euler 定理） 设 $m\in\mathbf{N}$，$a\in\mathbf{Z}$，满足 $(a,m)=1$，则 $a^{\varphi(m)}\equiv 1 \bmod m$。

证明 取 $r_1,r_2,\cdots,r_{\varphi(m)}$ 是模 m 的一个简化剩余系，由定理 3.3.2，当 $(a,m)=1$ 时，$ar_1,ar_2,\cdots,ar_{\varphi(m)}$ 也是模 m 的一个简化剩余系，即 $ar_1,ar_2,\cdots,ar_{\varphi(m)}$ 是 $r_1,r_2,\cdots,r_{\varphi(m)}$ 的某个排列，所以 $ar_1 ar_2 \cdots ar_{\varphi(m)}\equiv r_1 r_2\cdots r_{\varphi(m)} \bmod m$。由于 $(r_i,m)=1(1\leqslant i\leqslant\varphi(m))$，$r_i^{-1}\bmod m$ 存在，因此两边可约去 r_i，得 $a^{\varphi(m)}\equiv 1 \bmod m$。   证毕。

例 3.5.1 $m=9$，$a=2$，有 $(2,9)=1$，$\varphi(9)=8$，$2^8\equiv 1 \bmod 9$。

定理 3.5.2（Fermat 定理） 设 p 为素数，则对任意的 $a\in\mathbf{Z}$，有 $a^p\equiv a \bmod p$。

证明 分两种情形讨论。

（1）当 $p\,|\,a$ 时，$a \bmod p=0$，$a^p\equiv 0 \bmod p$，结论成立。

（2）当 $p\nmid a$ 时，此时 $(a,p)=1$，由定理 3.5.1，$a^{\varphi(p)}\equiv 1 \bmod p$，即 $a^{p-1}\equiv 1 \bmod p$，两边同时乘以 a，即得。   证毕。

推论 设 m 是奇整数，如果 $(a,m)=1$ 且 $a^{m-1}\not\equiv 1 \bmod m$，则 m 是合数。

证明 此推论为定理 3.5.2 的逆否命题。   证毕。

定理 3.5.3（Wilson 定理） 设 p 是素数，则 $(p-1)!\equiv -1 \bmod p$。

证明 $p=2$ 时，结论显然成立。

下面假设 $p\geqslant 3$。取模 p 的一个简化剩余系 $r_1,r_2,\cdots,r_{p-1}$，对每一个 $r_i(1\leqslant i\leqslant p-1)$，由定理 3.1.8，存在 $r_j(1\leqslant j\leqslant p-1)$，使得 $r_i r_j\equiv 1 \bmod p$。而 $r_i=r_j$ 的充要条件是 $r_i^2\equiv 1 \bmod p$，即 $(r_i+1)(r_i-1)\equiv 0 \bmod p$。所以 $r_i\equiv 1 \bmod p$ 或 $r_i\equiv -1 \bmod p$。但两式不能同时成立，否则，$r_i=q_1 p+1=q_2 p-1$，其中 $q_1,q_2\in\mathbf{N}$，所以 $(q_2-q_1)p=2$，与 $p\geqslant 3$ 矛盾。在 $r_1,r_2,\cdots,r_{p-1}$ 中不妨设 $r_1\equiv 1 \bmod p$，$r_{p-1}\equiv -1 \bmod p$，其余的 r_i 和其逆元两两

配对，即得

$$r_1 r_{p-1} \prod (r_i r_j) \equiv -1 \bmod p$$

证毕。

例 3.5.2 设 $p=13$，取 $r_j=j(1 \leqslant j \leqslant 12)$，有

$$2 \cdot 7 \equiv 3 \cdot 9 \equiv 4 \cdot 10 \equiv 5 \cdot 8 \equiv 6 \cdot 11 \equiv 1 \bmod 13$$

所以

$$1 \cdot 2 \cdot 3 \cdot 4 \cdot 5 \cdot 6 \cdot 7 \cdot 8 \cdot 9 \cdot 10 \cdot 11 \cdot 12$$
$$= 1 \cdot 12 \cdot (2 \cdot 7) \cdot (3 \cdot 9) \cdot (4 \cdot 10) \cdot (5 \cdot 8) \cdot (6 \cdot 11)$$
$$\equiv -1 \bmod 13$$

例 3.5.3 设 p 为素数，证明

$$1^2 \cdot 3^2 \cdots \cdot (p-2)^2 \equiv (-1)^{\frac{p+1}{2}} \bmod p$$

证明

$$(p-1)! = [1 \cdot (p-1)][3 \cdot (p-3)] \cdots \cdot [(p-2) \cdot (p-(p-2))]$$
$$= (-1)^{\frac{p-1}{2}} \cdot 1^2 \cdot 3^2 \cdots \cdot (p-2)^2 \bmod p$$

所以

$$1^2 \cdot 3^2 \cdots \cdot (p-1)^2 \equiv (-1)^{\frac{p+1}{2}} \bmod p$$

证毕。

3.6 求余运算与模运算

在实际应用中，已知模数 m 时，常将剩余系或简化剩余系（如果 m 为素数）取为最小非负完全（简化）剩余系 $0,1,2,\cdots,m-1$，将使得讨论的问题变得简单。

在带余数除法 $a=qm+r$ 中，将 r 记为 $a \bmod m$。由 a、m 求 $a \bmod m$ 的运算称为求余运算，它将整数 a 映射到最小非负完全（简化）剩余系 $0,1,2,\cdots,m-1$。在最小非负完全（简化）剩余系中的求余运算称为模运算，有以下性质。

(1) 交换律：

$$(w+x) \bmod n = (x+w) \bmod n$$
$$(w \cdot x) \bmod n = (x \cdot w) \bmod n$$

(2) 结合律：

$$[(w+x)+y] \bmod n = [w+(x+y)] \bmod n$$
$$[(w \cdot x) \cdot y] \bmod n = [w \cdot (x \cdot y)] \bmod n$$

(3) 分配律：

$$[w \cdot (x+y)] \bmod n = [(w \cdot x)+(w \cdot y)] \bmod n$$

记 $\mathbf{Z}_m = \{0,1,2,\cdots,m-1\}$。

例 3.6.1 $\mathbf{Z}_8 = \{0,1,2,\cdots,7\}$，考虑 $\mathbf{Z}_8$ 上的模加法和模乘法，如表 3.6.1 所示。

表 3.6.1　$\mathbf{Z}_8$ 上的模 8 运算

+	0	1	2	3	4	5	6	7	•	0	1	2	3	4	5	6	7
0	0	1	2	3	4	5	6	7	0	0	0	0	0	0	0	0	0
1	1	2	3	4	5	6	7	0	1	0	1	2	3	4	5	6	7
2	2	3	4	5	6	7	0	1	2	0	2	4	6	0	2	4	6
3	3	4	5	6	7	0	1	2	3	0	3	6	1	4	7	2	5
4	4	5	6	7	0	1	2	3	4	0	4	0	4	0	4	0	4
5	5	6	7	0	1	2	3	4	5	0	5	2	7	4	1	6	3
6	6	7	0	1	2	3	4	5	6	0	6	4	2	0	6	4	2
7	7	0	1	2	3	4	5	6	7	0	7	6	5	4	3	2	1

从加法结果可见,对每一个 x,都有一个 y,使得 $x+y\equiv 0 \bmod 8$。例如,对 2,有 6,使得 $2+6\equiv 0 \bmod 8$。称 y 为 x 的负数,也称为加法逆元。

记 $\mathbf{Z}_m^* = \{a \mid 0 < a < m, (a,m)=1\}$。由定理 3.1.8 知,$\mathbf{Z}_m^*$ 中的每个元素都有乘法逆元。

例 3.6.2 RSA 算法是在 1978 年由 R. Rivest、A. Shamir 和 L. Adleman 提出的,它是用数论构造的、也是迄今为止理论上最为成熟、完善的公钥密码体制,该体制已得到广泛的应用。RSA 算法包括密钥的产生、加密和解密 3 部分。

(1) 密钥的产生。

① 选两个保密的大素数 p 和 q。

② 计算 $n=p\cdot q$,$\varphi(n)=(p-1)(q-1)$,其中 $\varphi(n)$ 是 n 的 Euler 函数值。

③ 选一个整数 e,满足 $1<e<\varphi(n)$,且 $(\varphi(n),e)=1$。

④ 计算 d,满足 $d\cdot e\equiv 1 \bmod \varphi(n)$,即 d 是 e 在模 $\varphi(n)$ 下的乘法逆元。因 e 与 $\varphi(n)$ 互素,它的乘法逆元一定存在。

⑤ 以 $\{e,n\}$ 为公开钥,$\{d,n\}$ 为秘密钥。

(2) 加密。设明文 a 是不大于 n 的整数,以 $c\equiv a^e \bmod n$ 作为加密后的密文。

(3) 解密。计算 $c^d \bmod n$。

下面证明 $c^d\equiv a \bmod n$,即解密的确能恢复出明文 a。

证明 由 $ed\equiv 1 \bmod \varphi(n)$,存在 $k\in\mathbf{N}$,使得 $ed=k\varphi(n)+1$。当 $c\equiv a^e \bmod n$ 时,$c^d\equiv a^{ed} \bmod n\equiv a^{k\varphi(n)+1} \bmod n$。

下面分两种情况讨论:

(1) $(a,n)=1$,由 Euler 定理得 $a^{\varphi(n)}\equiv 1 \bmod n$,所以

$$a^{k\varphi(n)+1} \equiv (a^{\varphi(n)})^k a \bmod n \equiv a \bmod n$$

(2) $(a,n)\neq 1$,先看 $(a,n)=1$ 的含义,由 $n=pq$,知 $(a,p)=1$ 且 $(a,q)=1$,即 $p\nmid a$ 且 $q\nmid a$,所以 $(a,n)\neq 1$ 意味着 $p\mid a$ 或 $q\mid a$。不妨设 $p\mid a$,即存在 $t\in\mathbf{N}$,使得 $a=tp$。此时必有 $(q,a)=1$,否则 a 也是 q 的倍数,因而是 $n=pq$ 的倍数,与 $a<n$ 矛盾。由 $(q,a)=1$ 及 Fermat 定理,得 $a^{\varphi(q)}\equiv 1 \bmod q$,对两边求 $k\dfrac{\varphi(n)}{\varphi(q)}$ 次幂,得

$$a^{k\varphi(n)} \equiv 1 \bmod q, \quad a^{k\varphi(n)+1} \equiv a \bmod q$$

同理，$a^{k\varphi(n)+1} \equiv a \bmod p$。由定理 3.1.9 及定理 1.2.9 得 $a^{k\varphi(n)+1} \equiv a \bmod n$，即 $c^d \equiv a \bmod n$。 证毕。

定理 3.6.1 设 $(a,m)=1$，则 $a^{-1} \equiv a^{\varphi(m)-1} \bmod m$。

证明 由 Euler 定理可得 $a^{\varphi(m)} \equiv 1 \bmod m$，所以 $a \cdot a^{\varphi(m)-1} \equiv a^{\varphi(m)} \equiv 1 \bmod m$，即 $a^{-1} \equiv a^{\varphi(m)-1} \bmod m$。 证毕。

推论 设 $(a,m)=1$，则方程 $ax \equiv b \bmod m$ 的解为
$$x \equiv ba^{-1} \bmod m \equiv ba^{\varphi(m)-1} \bmod m$$

当 m 很大且不知道其分解式时，$\varphi(m)$ 不易求出，此时还是用广义 Euclid 算法求 a^{-1}。

3.7 模指数运算

已知 $a, n, m \in \mathbf{N}$，求 $a^n \bmod m$，如果按其含义直接计算，则中间结果非常大，有可能超出计算机所允许的整数取值范围。例如 RSA 算法中的解密运算 $66^{77} \bmod 119$，先求 66^{77} 再取模，则中间结果就已远远超出了计算机允许的整数取值范围。而用模运算的性质：
$$(a \cdot b) \bmod n = [(a \bmod n) \cdot (b \bmod n)] \bmod n$$
就可减小中间结果。

另外，考虑如何提高加密、解密运算中指数运算的有效性。例如求 x^{16}，直接计算时需做 15 次乘法。然而，如果重复对每个部分结果做平方运算，即求 x、x^2、x^4、x^8、x^{16}，则只需做 4 次乘法。

上面的快速运算方法就是模指数运算。

在应用模指数运算时，首先将 n 写成二进制形式：
$$n = b_k 2^k + b_{k-1} 2^{k-1} + \cdots + b_1 2 + b_0$$
其中，$b_i \in \{0,1\}$，$i=0,1,2,\cdots,k$。那么，
$$a^n = ((\cdots((a^{b_k})^2 a^{b_{k-1}})^2 \cdots)a^{b_1})^2 a^{b_0}$$
例如：
$$100 = 1 \cdot 2^6 + 1 \cdot 2^5 + 0 \cdot 2^4 + 0 \cdot 2^3 + 1 \cdot 2^2 + 0 \cdot 2^1 + 0 \cdot 2^0$$
$$a^{100} = ((((((a)^2 a)^2)^2)^2 a)^2)^2$$
所以计算的中间结果为 a、a^3、a^6、a^{12}、a^{24}、a^{25}、a^{50}、a^{100}。取中间结果的初值为 $c=1$，它的中间结果如表 3.7.1 所示。

表 3.7.1 模指数运算的中间结果示例

i	b_i	c	运 算	i	b_i	c	运 算
6	1	$c=c^2 a$	平方，乘法	2	1	$c=c^2 a$	平方，乘法
5	1	$c=c^2 a$	平方，乘法	1	0	$c=c^2$	平方
4	0	$c=c^2$	平方	0	0	$c=c^2$	平方
3	0	$c=c^2$	平方				

从表 3.7.1 可见,对每一个($i=6,5,4,3,2,1,0$),如果 $b_i=1$,则对中间结果做平方运算,再乘以 a;如果 $b_i=0$,则仅对中间结果做平方运算。

因此,模指数运算的算法如下:

(1) 将 n 表示成二进制形式:$n=b_k b_{k-1} \cdots b_1 b_0$。

(2) 取初值:$c=1$。

(3) 执行以下循环:

```
for i=k downto 0 do
    c=c² mod m
    if bᵢ=1 then c=(ca) mod n
```

(4) 返回 c。

例 3.7.1 求 $7^{560} \bmod 561$。

解 560 的二进制形式为 1000110000,取中间结果的初值为 $c=1$。对它应用模指数运算的中间结果如表 3.7.2 所示。

表 3.7.2　例 3.7.1 模指数运算的中间结果

i	b_i	c	i	b_i	c
9	1	7	4	1	241
8	0	49	3	0	298
7	0	157	2	0	166
6	0	526	1	0	67
5	1	160	0	0	1

所以,$7^{560} \bmod 561 = 1$。

习　题

1. 设素数 $p \nmid a, k \geqslant 1$。证明:$n^2 \equiv an \bmod p^k$ 成立的充要条件是 $n \equiv 0 \bmod p^k$ 或 $n \equiv a \bmod p^k$。

2. (1) 求 2^{400} 对模 10 的最小非负剩余。

(2) 求 2^{1000} 的十进制表示中的最后两位数字。

(3) 求 9^{9^9} 和 $9^{9^{9^9}}$ 的十进制表示中的最后两位数字。

(4) 求 $(13\,481^{56} - 77)^{28}$ 被 111 除后所得的最小非负余数。

(5) 设 $s=2^k, k \geqslant 2$。求 2^s 对模 10 的最小非负剩余。

3. 证明:当 $m > 2$ 时,$0^2, 1^2, 2^2, \cdots, (m-1)^2$ 一定不是模 m 的完全剩余系。

4. 设 $r_1, r_2, \cdots, r_m$ 和 $r_1', r_2', \cdots, r_m'$ 分别是模 m 的两个完全剩余系。证明:当 m 是偶数时,$r_1 + r_1', r_2 + r_2', \cdots, r_m + r_m'$ 一定不是模 m 的完全剩余系。

5. 设 $m \geqslant 3$，$r_1,r_2,\cdots,r_s$ 是所有小于 $\dfrac{m}{2}$ 且和 m 互素的正整数。证明：$-r_s,\cdots,-r_2,$ $-r_1,r_1,r_2,\cdots,r_s$ 及 $r_1,r_2,\cdots,r_s,(m-r_s),\cdots,(m-r_2),(m-r_1)$ 都是模 m 的简化剩余系。由此推出：当 $m \geqslant 3$ 时，$2 \mid \varphi(m)$。

6. 设 $(m,n)=1$。证明：$m^{\varphi(n)}+n^{\varphi(m)} \equiv 1 \bmod mn$。

7. 设素数 $p>2$，$a>1$。证明：

(1) a^p+1 的素因子 q 必是 $a+1$ 的因子，或是 $q \equiv 1 \bmod 2p$。

(2) 形如 $2kp+1$ 的素数有无穷多个。

8. 设 p 是奇素数。证明：

(1) $2^2 \cdot 4^2 \cdots (p-1)^2 \equiv (-1)^{\frac{p+1}{2}} \bmod p$。

(2) $\left(\dfrac{p-1}{2}!\right)^2 \equiv (-1)^{\frac{p+1}{2}} \bmod p$。

(3) $(p-1)!! \equiv (-1)^{\frac{p-1}{2}}(p-2)!! \bmod p$。

第 4 章 同余方程

4.1 同余方程的基本概念

设 $m,n \in \mathbf{N}$，多项式 $f(x) = a_n x^n + \cdots + a_2 x^2 + a_1 x + a_0$，其中 $a_i \in \mathbf{Z}(i=0,1,2,\cdots,n)$，则

$$f(x) \equiv 0 \bmod m \qquad (4.1.1)$$

称为模 m 的同余方程。若 $m \nmid a_n$，则称式(4.1.1)的次数为 n，记为 $\deg f = n$。

若 $x = c$ 使式(4.1.1)成立，则称之为式(4.1.1)的解。此时与 c 模 m 同余的任一整数也是它的解。不同的解的个数称为它的解数。

显然，式(4.1.1)的解及其解数只需要在模 m 的一个完全剩余系中考虑。

例 4.1.1 求方程 $4x^2 + 27x - 12 \equiv 0 \bmod 15$ 的解。

解 在多项式求值时，取完全剩余系为绝对最小完全剩余系时，将使计算简化。在模 15 的绝对最小完全剩余系 $-7, -6, \cdots, -1, 0, 1, \cdots, 6, 7$ 中直接演算，可知 $x = -6, 3$ 是解，解数是 2。

例 4.1.2 求 $4x^2 + 27x - 9 \equiv 0 \bmod 15$ 的解。

解 直接演算知该方程无解。

因为 $4x^2 + 27x - 9 \equiv x^2 + 3x - 6 \bmod 15$，所以 $4x^2 + 27x - 9 \equiv 0 \bmod 15$ 与 $x^2 + 3x - 6 \equiv 0 \bmod 15$ 的解和解数相同，但因 $x^2 + 3x - 6$ 的系数小，直接演算更为简单。一般地有以下定理。

定理 4.1.1

(1) 若 $f(x) \equiv g(x) \bmod m$，则式(4.1.1)的解和解数与 $g(x) \equiv 0 \bmod m$ 相同，称这两个同余方程模 m 等价。

(2) 若 $(a,m)=1$，则式(4.1.1)的解和解数与方程 $af(x) \equiv 0 \bmod m$ 相同。特别地，当 $(a_n,m)=1$ 时，取 $a \equiv a_n^{-1} \bmod m$，可使式(4.1.1)的首项系数变为 1。

证明 简单，略去。

类似地，有同余方程组的概念。

记 $m_1, m_2, \cdots, m_k \in \mathbf{N}, f_1(x), f_2(x), \cdots f_k(x)$ 都为整系数多项式，则

$$\begin{cases} f_1(x) \equiv 0 \bmod m_1 \\ f_2(x) \equiv 0 \bmod m_2 \\ \quad\vdots \\ f_k(x) \equiv 0 \bmod m_k \end{cases} \qquad (4.1.2)$$

称为同余方程组。

若 $x=c$ 满足式(4.1.2)，则称之为式(4.1.2)的解，此时与 c 模 $m=[m_1 m_2 \cdots m_k]$ 同余的任意整数也是它的解。显然，式(4.1.2)的解及解数只需在模 m 的一个完全剩余系中考虑。

<h1>4.2　一次同余方程</h1>

若 $m \nmid a$，则方程

$$ax \equiv b \bmod m \tag{4.2.1}$$

称为一次同余方程。

若式(4.2.1)有解，设为 x_0，则存在 $q \in \mathbf{Z}$，使得 $ax_0 = b + qm$。可得

$$(a,m) \mid b \tag{4.2.2}$$

即式(4.2.2)是式(4.2.1)有解的必要条件。

例如，在 $4x \equiv 2 \bmod 8$ 中，$(4,8)=4 \nmid 2$，该方程一定无解。在 $3x \equiv 2 \bmod 8$ 中，$(3,8)=1 \mid 2$，该方程可能有解，在模 8 的绝对最小剩余系 $-3,-2,-1,0,1,2,3,4$ 中逐一验证，知 $x=-2$ 是解，解数为 1。在 $6x \equiv 2 \bmod 8$ 中，$(6,8)=2 \mid 2$，在模 8 的绝对最小剩余系中逐一验证，知 -1 和 3 是解，解数是 2。可见式(4.2.1)可能无解，也可能有解，有解时解数可能为 1，也可能大于 1。

定理 4.2.1 给出了式(4.2.2)（也是式(4.2.1)）有解的充分条件。

定理 4.2.1　设 $m \nmid a$，$d=(a,m)$，同余方程(4.2.1)有解的充要条件是 $d \mid b$。在有解时，它的解数为 d。又设 x_0 是

$$\frac{a}{d}x \equiv \frac{b}{d} \bmod \frac{m}{d} \tag{4.2.3}$$

的一个解，则式(4.2.1)的 d 个解是 $x_0 + \frac{m}{d}t (\bmod m)$，其中 t 为 $0,1,2,\cdots,d-1$。

证明　充分性由以下构造方法给出。

第 1 步：由 $d \mid b$，得 $\dfrac{b}{d}$ 是整数，构造方程(4.2.3)，显然 $\left(\dfrac{a}{d},\dfrac{m}{d}\right)=1$。由定理 3.6.1 的推论，式(4.2.3)有解：

$$x_0 \equiv \frac{b}{d}\left(\frac{a}{d}\right)^{-1} \bmod \frac{m}{d}$$

第 2 步：方程 $ax \equiv b \bmod m$ 的全部解为 $x_0 + t\dfrac{m}{d}$，其中 $t \in \mathbf{Z}$，这是因为

$$a\left(x_0 + t\frac{m}{d}\right) = ax_0 + tm\frac{a}{d} \equiv ax_0 \bmod m$$

又由于

$$\frac{a}{d}x_0 \equiv \frac{b}{d} \bmod \frac{m}{d}$$

得 $ax_0 \equiv b \bmod m$。所以

$$a\left(x_0 + t\,\frac{m}{d}\right) \equiv b \bmod m$$

下面在全部解中求出模 m 不同余的解。

设

$$x_1 = x_0 + t_1\,\frac{m}{d}, \quad x_2 = x_0 + t_2\,\frac{m}{d}$$

则

$$x_1 - x_2 = (t_1 - t_2)\,\frac{m}{d}$$

所以 $m \mid x_1 - x_2$ 当且仅当 $d \mid t_1 - t_2$。即 $x_1 \not\equiv x_2 \bmod m$ 当且仅当 $t_1 \not\equiv t_2 \bmod d$。所以 t 遍历模 d 的一个完全剩余系(可取为最小非负完全剩余系 $0,1,2,\cdots,d-1$)就可得 $ax \equiv b \bmod m$ 的全部解,即全部解有 d 个。 证毕。

推论 设 $(a,m)=1$,则方程 $ax \equiv b \bmod m$ 有唯一解 $x \equiv ba^{\varphi(m)-1} \bmod m$。

证明 由 $(a,m)=1 \mid b$ 及定理 3.6.1 的推论得解。解的唯一性由 $(a,m)=1$ 得。

例 4.2.1 解方程 $20x \equiv 15 \bmod 135$。

解 $d=(20,135)=5,5 \mid 15$,所以方程有 5 个解。构造方程 $4x \equiv 3 \bmod 27$,得解为 $3 \cdot 4^{\varphi(27)-1} \equiv 21 \bmod 27$。所以方程的 5 个解为 $21 + t \cdot 27(t=0,1,2,3,4)$,即 $21,48,75,102,129$。

4.3 一次同余方程组和中国剩余定理

中国剩余定理有两个用途:

(1) 已知某个数关于一些两两互素的数的同余类,就可重构这个数。

(2) 可将大数用小数表示,大数的运算可通过小数实现。

例 4.3.1 $\mathbf{Z}_{10}$ 中每个数都可从这个数关于 2 和 5(10 的两个互素的因子)的同余类重构。例如,已知 x 关于 2 和 5 的同余类分别是 $[0]$ 和 $[3]$,即 $x \bmod 2 = 0, x \bmod 15 = 3$。可知 x 是偶数且被 5 除后余数是 3,所以可得 8 是满足这一关系的唯一的 x。

例 4.3.2 假设只能处理 5 以内的数,则要考虑 15 以内的数,可将 15 分解为两个小素数的乘积,$15 = 3 \cdot 5$,将 $1 \sim 15$ 的数列表表示,表的行号为 $0 \sim 2$,列号为 $0 \sim 4$,将 $1 \sim 15$ 填入表中,使得其所在行号为该数除 3 得到的余数,列号为该数除 5 得到的余数,如表 4.3.1 所示。例如 $12 \bmod 3 = 0, 12 \bmod 5 = 2$,所以 12 应填在第 0 行、第 2 列。

表 4.3.1 1~15 的数

行 号	列 号				
	0	1	2	3	4
0	0	6	12	3	9
1	10	1	7	13	4
2	5	11	2	8	14

用 $(0,2)$ 表示 12。现在就可处理 15 以内的数了。

例如,求 $12 \cdot 13 (\bmod 15)$,13 在第 1 行、第 3 列,将 13 表示为 $(1,3)$,由 $0 \cdot 1 \equiv 0 \bmod 3,2 \cdot 3 \equiv 1 \bmod 5$ 得 $12 \cdot 13(\bmod 15)$ 的小数表示是 $(0,1)$,这个位置上的数是 6,所以 $12 \cdot 13(\bmod 15) \equiv 6$。又因 $0+1 \equiv 1 \bmod 3,2+3 \equiv 0 \bmod 5$,所以 $12+13$ 的小数表示是 $(1,0)$,这个位置上的数是 10,所以 $12+13 \equiv 10 \bmod 15$。

以上两例是中国剩余定理的直观应用。下面具体介绍该定理的内容。

中国剩余定理最早见于《孙子算经》的"物不知数"问题:今有物不知其数,三三数之有二,五五数之有三,七七数之有二,问物有多少?

这一问题用方程组表示为

$$\begin{cases} x \equiv 2 \bmod 3 \\ x \equiv 3 \bmod 5 \\ x \equiv 2 \bmod 7 \end{cases}$$

下面给出解的构造过程。首先将 3 个余数写成和的形式:$2+3+2$。为满足第一个方程,即模 3 后,后两项消失,将后两项各乘以 3,得 $2+3 \cdot 3+2 \cdot 3$。为满足第二个方程,即模 5 后,第一、三项消失,将第一、三项各乘以 5,得 $2 \cdot 5+3 \cdot 3+2 \cdot 3 \cdot 5$。同理,给前两项各乘以 7,得 $2 \cdot 5 \cdot 7+3 \cdot 3 \cdot 7+2 \cdot 3 \cdot 5$。

然而,将结果代入第一方程,得到 $2 \cdot 5 \cdot 7$,为消去 $5 \cdot 7$,将结果的第一项再乘以 $(5 \cdot 7)^{-1} \bmod 3$,得 $2 \cdot 5 \cdot 7(5 \cdot 7)^{-1} \bmod 3+3 \cdot 3 \cdot 7+2 \cdot 3 \cdot 5$。类似地,将第二项乘以 $(3 \cdot 7)^{-1} \bmod 5$,将第三项乘以 $(3 \cdot 5)^{-1} \bmod 7$,结果为

$$2 \cdot 5 \cdot 7 \cdot (5 \cdot 7)^{-1} \bmod 3+3 \cdot 3 \cdot 7 \cdot (3 \cdot 7)^{-1} \bmod 5$$
$$+2 \cdot 3 \cdot 5 \cdot (3 \cdot 5)^{-1} \bmod 7=233$$

又因为 $233+k \cdot 3 \cdot 5 \cdot 7=233+105k,k$ 为任意整数时都满足方程组,可取 $k=-2$,得到小于 $105(=3 \cdot 5 \cdot 7)$ 的唯一解 23,所以方程组的唯一解构造如下:

$$(2 \cdot 5 \cdot 7 \cdot (5 \cdot 7)^{-1} \bmod 3+3 \cdot 3 \cdot 7 \cdot (3 \cdot 7)^{-1} \bmod 5$$
$$+2 \cdot 3 \cdot 5 \cdot (3 \cdot 5)^{-1} \bmod 7) \bmod (3 \cdot 5 \cdot 7)$$

把这种构造法推广到一般形式,就是中国剩余定理。

定理 4.3.1(中国剩余定理)　设 $m_1,m_2,\cdots,m_k$ 是两两互素的正整数,$M=\prod_{i=1}^{k} m_i$,则一次同余方程组

$$\begin{cases} x \bmod m_1 \equiv a_1 \\ x \bmod m_2 \equiv a_2 \\ \vdots \\ x \bmod m_k \equiv a_k \end{cases} \tag{4.3.1}$$

对模 M 有唯一解:

$$x \equiv \left(\frac{M}{m_1} e_1 a_1 + \frac{M}{m_2} e_2 a_2 + \cdots \frac{M}{m_k} e_k a_k\right) \bmod M \tag{4.3.2}$$

其中,e_i 满足

$$\frac{M}{m_i} e_i \equiv 1 \bmod m_i \quad (i=1,2,\cdots,k)$$

证明 设

$$M_i = \frac{M}{m_i} = \prod_{\substack{l=1 \\ l \neq i}}^{k} m_l \quad (i=1,2,\cdots,k)$$

由 M_i 的定义知 M_i 与 m_i 是互素的,因此 M_i 在模 m_i 下有唯一的乘法逆元,即满足 $\frac{M}{m_i} e_i \equiv$ $1 \bmod m_i$ 的 e_i 是唯一的。

下面证明对任意 $i \in \{1,2,\cdots,k\}$,上述 x 满足 $x \bmod m_i \equiv a_i$。注意到当 $j \neq i$ 时, $m_i | M_j$,即 $M_j \equiv 0 \bmod m_i$,所以

$$(M_j \times e_j \bmod m_j) \bmod m_i \equiv ((M_j \bmod m_j) \times (e_j \bmod m_j) \bmod m_i) \bmod m_i \equiv 0$$

而

$$(M_i \times (e_i \bmod m_i)) \bmod m_i \equiv (M_i \times e_i) \bmod m_i \equiv 1$$

所以 $x \bmod m_i \equiv a_i$。

下面证明方程组的解是唯一的。

设 x' 是方程组的另一解,即 $x' \equiv a_i \bmod m_i (i=1,2,\cdots,k)$。由 $x \equiv a_i \bmod m_i$ 得 $x' - x \equiv 0 \bmod m_i$,即 $m_i | (x'-x)$。再根据 m_i 两两互素,有 $M | (x'-x)$,即 $x' - x \equiv$ $0 \bmod M$,所以 $x' \bmod M = x \bmod M$。 证毕。

中国剩余定理提供了一个非常有用的特性,即在模 $M \left(M = \prod\limits_{i=1}^{k} m_i \right)$ 下可将大数 A 用一组小数 $(a_1, a_2, \cdots, a_k)$ 表达,且大数的运算可通过小数实现,表示为

$$A \leftrightarrow (a_1, a_2, \cdots, a_k)$$

其中,$a_i = A \bmod m_i (i=1,2,\cdots,k)$。

有以下推论。

推论 如果

$$A \leftrightarrow (a_1, a_2, \cdots, a_k), \quad B \leftrightarrow (b_1, b_2, \cdots, b_k)$$

那么

$$(A+B) \bmod M \leftrightarrow ((a_1+b_1) \bmod m_1, \cdots, (a_k+b_k) \bmod m_k)$$
$$(A-B) \bmod M \leftrightarrow ((a_1-b_1) \bmod m_1, \cdots, (a_k-b_k) \bmod m_k)$$
$$(A \times B) \bmod M \leftrightarrow ((a_1 \times b_1) \bmod m_1, \cdots, (a_k \times b_k) \bmod m_k)$$

证明 可由模运算的性质直接得出。 证毕。

定理 4.3.2 设 $m_1, m_2, \cdots, m_k, M, e_1, e_2, \cdots, e_k$ 与定理 4.3.1 相同。

$$x = \frac{M}{m_1} e_1 x_1 + \frac{M}{m_2} e_2 x_2 + \cdots \frac{M}{m_k} e_k x_k \qquad (4.3.3)$$

则当 x_i 遍历模 $m_i (i=1,2,\cdots,k)$ 的完全(简化)剩余系时,x 遍历模 M 的完全(简化)剩余系。

证明 先证明完全剩余系的情况。当 x_i 遍历模 m_i 的完全剩余系时,x_i 有 m_i 个取值 $(1 \leqslant i \leqslant k)$,因此 x 有 M 个取值。下面证明这 M 个取值模 M 两两不同余。设

$$x' = \frac{M}{m_1} e_1 x_1' + \frac{M}{m_2} e_2 x_2' + \cdots + \frac{M}{m_k} e_k x_k'$$

若 $x \equiv x' \bmod M$,则 $x \equiv x' \bmod m_i$,从而得 $x_i \equiv x_i' \bmod m_i (1 \leqslant i \leqslant k)$。

再证明简化剩余系的情况。

由于简化剩余系中的元素是由完全剩余系中与模数互素的元素构成的,所以只要证明 $(x,M)=1$ 当且仅当 $(x_i,m_i)=1(1\leqslant i\leqslant k)$。由 $(x,M)=1$ 得 $(x,m_i)=1(1\leqslant i\leqslant k)$。否则,若 $d=(x,m_i)\neq1$,则 $d|x,d|m_i$ 得 $d|M$。d 是 x、M 的公因子,与 $(x,M)=1$ 矛盾。

由 $(x_i,m_i)=1$ 及式(4.3.3)得 $x \bmod m_i\equiv x_i,x_i\in[x]_{m_i}$。由定理 3.3.1 得 $(x_i,m_i)=(x,m_i)$,所以 $(x_i,m_i)=1$。反之,若 $(x_i,m_i)=1(1\leqslant i\leqslant k)$,则 $x \bmod m_i\equiv x_i$,得 $(x,m_i)=(x_i,m_i)=1,(x,M)=1$。 证毕。

例 4.3.3 表 4.3.1 的构造。

设 $1\leqslant x\leqslant 15$,求 $x\equiv a \bmod 3,x\equiv b \bmod 5$,将 x 填入表的 a 行、b 列。表建立完成后,数 x 由它的行号 a 和列号 b 表示为 (a,b)。由 (a,b) 及中国剩余定理可按如下的方法恢复 x:

$$x\equiv(a\cdot5\cdot(5^{-1}\bmod 3)+(b\cdot3\cdot(3^{-1}\bmod 5)\bmod 15$$
$$=(a\cdot5\cdot2+b\cdot3\cdot2)\bmod 15$$
$$\equiv[10a+6b]\bmod 15$$

例如,$12 \bmod 3\equiv0,12 \bmod 5\equiv2$; $13 \bmod 3\equiv1,13 \bmod 5\equiv3$。所以 12 位于表中第 0 行、第 2 列,13 位于表中第 1 行、第 3 列。反之,若求表中第 0 行、第 2 列的数,将 $a=0$,$b=2$ 代入 $x\equiv(10a+6b) \bmod 15$,得 $x=12$。

已知 x 表示为 (a,b),x 的运算可用 (a,b) 实现。设 $x_1=(a_1,b_1),x_2=(a_2,b_2)$,则

$$x_1+x_2=(a_1+a_2,b_1+b_2),\quad x_1\cdot x_2=(a_1\cdot a_2,b_1\cdot b_2)$$

例如:

$$12=(0,2),\quad 13=(1,3)$$
$$12+13=(0,2)+(1,3)=(1,0),\quad 12\cdot13=(0,2)\cdot(1,3)=(0,1)$$

所以 $12+13$ 为 $10,12\cdot13$ 为 6。

例 4.3.4 由以下方程组求 x:

$$\begin{cases} x\equiv 1 \bmod 2 \\ x\equiv 2 \bmod 3 \\ x\equiv 3 \bmod 5 \\ x\equiv 5 \bmod 7 \end{cases}$$

解 $M=2\cdot3\cdot5\cdot7=210,M_1=105,M_2=70,M_3=42,M_4=30$。
易得

$$e_1\equiv M_1^{-1}\bmod 2=1$$
$$e_2\equiv M_2^{-1}\bmod 3=1$$
$$e_3\equiv M_3^{-1}\bmod 5=3$$
$$e_4\equiv M_4^{-1}\bmod 7=4$$

所以,

$$x\equiv(105\times1\times1+70\times1\times2+42\times3\times3+30\times4\times5)\bmod 210$$
$$\equiv173 \bmod 210$$

例 4.3.5 为将 $973 \bmod 1813$ 由模数分别为 37 和 49 的两个数表示,可取

$$x=973,\quad M=1813,\quad m_1=37,\quad m_2=49$$

由 $a_1\equiv973 \bmod m_1=11,a_2\equiv973 \bmod m_2=42$,得 x 在模 37 和模 49 下的表达式为

(11,42)。若要求 973 mod 1813＋678 mod 1813,可先求出

$$678 \leftrightarrow (678 \bmod 37, 678 \bmod 49) = (12, 41)$$

从而可将以上加法表达为

$$((11+12) \bmod 37, (42+41) \bmod 49) = (23, 34)$$

例 4.3.6 解方程 $19x \equiv 556 \bmod 1155$。

解 这是一次同余式,可按 4.2 节的方法求解。但因模数 1155 较大,可按中国剩余定理将方程变成模数较小的同余方程组。由 $1155 = 3 \cdot 5 \cdot 7 \cdot 11$ 及定理 1.1.9,该方程与以下方程组等价:

$$\begin{cases} 19x \equiv 556 \bmod 3 \\ 19x \equiv 556 \bmod 5 \\ 19x \equiv 556 \bmod 7 \\ 19x \equiv 556 \bmod 11 \end{cases} \overset{(1)}{\Longleftrightarrow} \begin{cases} x \equiv 1 \bmod 3 \\ x \equiv 4 \bmod 5 \\ 5x \equiv 3 \bmod 7 \\ 8x \equiv 6 \bmod 11 \end{cases} \overset{(2)}{\Longleftrightarrow} \begin{cases} x \equiv 1 \bmod 3 \\ x \equiv 4 \bmod 5 \\ x \equiv 2 \bmod 7 \\ x \equiv 9 \bmod 11 \end{cases}$$

由定理 4.3.1 即得 $x \equiv 394 \bmod 1155$。其中第(1)步由定理 4.1.1 的(2)得出,第(2)步由一元同余式解出 $5x \equiv 3 \bmod 7$ 及 $8x \equiv 6 \bmod 11$ 得出。注意,第(1)步中得出的方程组不是定理 4.3.1 中的形式,不能直接应用定理 4.3.1。

例 4.3.7 解同余方程组

$$\begin{cases} x \equiv 3 \bmod 7 \\ 6x \equiv 10 \bmod 8 \end{cases}$$

解 解出一次同余式 $6x \equiv 10 \bmod 8$ 的解为 $x \equiv 3, 7 (\bmod 8)$,方程组等价于以下两个方程组:

$$\begin{cases} x \equiv 3 \bmod 7 \\ x \equiv 3 \bmod 8 \end{cases} \quad 及 \quad \begin{cases} x \equiv 3 \bmod 7 \\ x \equiv 7 \bmod 8 \end{cases}$$

由定理 4.3.1 得 $x \equiv 3, 31 (\bmod 56)$。

注: $x \equiv 3, 7 (\bmod 8)$ 表示 $x \equiv 3 \bmod 8, x \equiv 7 \bmod 8$。以后常用这种简单记法。

例 4.3.8 在例 3.6.1 的 RSA 加密算法中,按照中国剩余定理,可将解密过程简化如下:解密者已知 p、q,计算

$$d_p \equiv d \bmod (p-1), \quad d_q \equiv d \bmod (q-1)$$

$$a_p \equiv c^{d_p} \bmod p, \quad a_q \equiv c^{d} \bmod q$$

然后建立以下方程组:

$$\begin{cases} x \equiv a_p \bmod p \\ x \equiv a_q \bmod q \end{cases}$$

由中国剩余定理求出 $x \bmod (pq)$ 即为明文 a。这是因为 $d_p = d + k\varphi(p)$,其中 $k \in \mathbf{N}$。

$$a_p \equiv c^{d_p} \bmod p \equiv c^d (a^{\varphi(p)})^k \bmod p \equiv c^d \bmod p$$

$$\equiv (a \bmod n) \bmod p \equiv a \bmod p$$

同理,$a_q \equiv a \bmod q$,因此方程组

$$\begin{cases} x \equiv a_p \bmod p \\ x \equiv a_q \bmod q \end{cases}$$

中的 x 即为 a。

$c_d \bmod n$ 的运行时间是 $O(\log d \cdot \log^2 n)$,若 d 与 n 同阶,运行时间为 $O(\log^3 n)$。改

进后算法的加速比是

$$\frac{\log^3 n}{2(\log n/2)^3} = 4$$

中国剩余定理也用于解高次同余方程(即 $\deg f \geq 2$),解法和解数由定理 4.3.3 给出。

定理 4.3.3　设 $m = m_1 m_2 \cdots m_k$,其中 $m_i (1 \leq i \leq k)$ 是两两互素的正整数,则同余方程

$$f(x) \equiv 0 \bmod m \qquad (4.3.4)$$

与同余方程组

$$\begin{cases} f(x) \equiv 0 \bmod m_1 \\ f(x) \equiv 0 \bmod m_2 \\ \quad\quad \vdots \\ f(x) \equiv 0 \bmod m_k \end{cases} \qquad (4.3.5)$$

等价。设 T 是式(4.3.4)的解数,T_i 是 $f(x) \equiv 0 \bmod m_i (1 \leq i \leq k)$ 的解数,则 $T = T_1 T_2 \cdots T_k$。

证明　设 x_0 是式(4.3.4)的解,即 $f(x_0) \equiv 0 \bmod m$,由定理 3.1.5 得 $f(x) \equiv 0 \bmod m_i (1 \leq i \leq k)$,即 x_0 也是式(4.3.5)的解。

反之,设 x_0 是式(4.3.5)的解,即 $f(x) \equiv 0 \bmod m_i (1 \leq i \leq k)$,由定理 3.1.9 得 $f(x_0) \equiv 0 \bmod [m_1, m_2, \cdots, m_k] \equiv 0 \bmod m$,即 x_0 也是式(4.3.4)的解。

设 $f(x) \equiv 0 \bmod m_i$ 的解是 $b_i (1 \leq i \leq k)$,建立以下方程组:

$$\begin{cases} x \equiv b_1 \bmod m_1 \\ x \equiv b_2 \bmod m_2 \\ \quad\quad \vdots \\ x \equiv b_k \bmod m_k \end{cases} \qquad (4.3.6)$$

由中国剩余定理得

$$x_0 \equiv \left(\frac{m}{m_1} e_1 b_1 + \frac{m}{m_2} e_2 b_2 + \cdots + \frac{m}{m_k} e_k b_k\right) \bmod m \qquad (4.3.7)$$

由 $x_0 \equiv b_i \bmod m_i$ 得 $f(x_0) \equiv f(b_i) \equiv 0 \bmod m_i$,即 x_0 是式(4.3.5)的解,因此也是式(4.3.4)的解。

若 $b_i (1 \leq i \leq k)$ 遍历 $f(x) \equiv 0 \bmod m_i$ 的所有解,则 x_0 遍历 $f(x) \equiv 0 \bmod m$ 的所有解,因此 $T = T_1 T_2 \cdots T_k$。　　　　　　　　　　　　　　　证毕。

定理 4.3.3 的证明过程也给出了解高次同余方程(4.3.4)的过程:将 m 分解成两两互素的数的乘积,建立方程组(4.3.5),解出该方程组,得一次同余方程组(4.3.6),由中国剩余定理求出的式(4.3.7)即为原方程(4.3.4)的解。通常,可先将 m 分解成标准分解式:$m = p_1^{a_1} p_2^{a_2} \cdots p_s^{a_s}$,取 $m_i = p_i^{a_i} (1 \leq i \leq k)$,因此一般的高次同余方程的求解就归结为模为素数幂的同余方程的求解。

4.4　模为素数的高次同余方程

本节考虑以下同余方程:

$$f(x) = a_n x^n + \cdots + a_2 x^2 + a_1 x + a_0 \equiv 0 \bmod p \qquad (4.4.1)$$

其中，p 为素数，$a_0 \in \mathbf{Z}(i=1,2,\cdots,n)$，$p \nmid a_n$。

首先考虑多项式的 Euclid 除法，有以下结论。

定理 4.4.1 设 $f(x) = a_n x^n + \cdots + a_2 x^2 + a_1 x + a_0$，$g(x) = x^m + \cdots + b_2 x^2 + b_1 x + b_0$，其中 $a_i (1 \le i \le n)$，$b_j (1 \le j \le m-1) \in \mathbf{Z}$，则存在唯一的整系数多项式 $q(x)$ 和 $r(x)$，使得 $f(x) = q(x)g(x) + r(x)$，满足 $\deg r < \deg g$。

证明 分两种情况讨论：

(1) $n < m$ 时，取 $q(x) = 0$，$r(x) = f(x)$。

(2) $n \ge m$ 时，对 n 采用数学归纳法证明。

当 $n = m$ 时，因为

$$f(x) - a_n g(x) = (a_{n-1} - a_n b_{n-1})x^{n-1} + \cdots + (a_2 - a_n b_2)x^2 + (a_1 - a_n b_1)x + (a_0 - a_n b_0)$$

取 $q(x) = a_n$，$r(x) = f(x) - a_n g(x)$，即得。

假设 $n-1(n-1 \ge m)$ 时结论成立。则在 n 时，由于

$$f(x) - a_n x^{n-m} g(x) = (a_{n-1} - a_n b_{m-1})x^{n-1} + \cdots + (a_{n-m} - a_n b_0)x^{n-m} + a_{n-m-1}x^{n-m-1} + \cdots + a_2 x^2 + a_1 x + a_0$$

即 $f(x) - a_n x^{n-m} g(x)$ 是 $n-1$ 次多项式。由归纳假设，存在唯一的整系数多项式 $q_1(x)$ 和 $r_1(x)$，使得

$$f(x) - a_n x^{n-m} g(x) = q_1(x)g(x) + r_1(x)$$

其中 $\deg r_1 < \deg g$，取 $q(x) = a_n x^{n-m} + q_1(x)$，$r(x) = r_1(x)$ 即得证。唯一性的证明与整数的带余除法类似。 证毕。

定理 4.4.2 同余方程 (4.4.1) 与一个次数不超过 $p-1$ 的同余式模 p 等价。

证明 由多项式 Euclid 除法，存在唯一的一对 $q(x)$、$r(x)$，使得

$$f(x) \equiv q(x)(x^p - x) + r(x)$$

其中 $\deg r \le p-1$。由 Fermat 定理，对任意 x 有 $x^p - x \equiv 0 \bmod p$，所以 $f(x) \equiv r(x) \bmod p$。 证毕。

以下几个定理的证明过程给出了求式 (4.4.1) 的等价式的方法。

定理 4.4.3 若同余方程 (4.4.1) 有 k 个不同的解 $x \equiv c_i \bmod p (1 \le i \le k)$，则存在唯一的整系数多项式 $g_k(x)$，使得 $f(x) \equiv (x-c_1)(x-c_2)\cdots(x-c_k)g_k(x) \bmod p$，其中 $g_k(x)$ 的首项系数为 a_n，$\deg g_k = n-k$。

证明 对 $f(x)$ 和 $x-c_1$ 用 Euclid 除法，存在唯一的一对 $g_1(x)$、$r_1(x)$，使得

$$f(x) = (x-c_1)g_1(x) + r_1(x)$$

其中 $\deg r_1 = 0$，即 $r_1(x)$ 为常数。由 $f(c_1) \equiv r_1(c_1) \bmod p \equiv 0 \bmod p$ 得 $r_1(x) \equiv 0 \bmod p$，所以 $f(x) \equiv (x-c_1)g_1(x) \bmod p$。再由 $f(c_2) \equiv (c_2-c_1)g_1(c_2) \equiv 0 \bmod p$ 得 $g_1(c_2) \equiv 0 \bmod p$，对 $g_1(x)$ 与 $(x-c_2)$ 用 Euclid 除法，得到唯一的 $g_2(x)$，满足 $g_1(x) \equiv (x-c_2)g_2(x) \bmod p$。如此下去，得到 $g_{k-1}(x) = (x-c_k)g_k(x) \bmod p$。所以

$$f(x) \equiv (x-c_1)(x-c_2)\cdots(x-c_k)g_k(x) \bmod p$$

显然 $g_k(x)$ 的首项系数为 a_k，$\deg g_k = n-k$。 证毕。

定理 4.4.4 同余方程 (4.4.1) 的解数不超过它的次数。

证明 用反证法。设方程(4.4.1)的解有 $n+1$ 个，$x \equiv c_i \bmod p (1 \leqslant i \leqslant n+1)$。由定理 4.4.3，存在 $g_n(x)$，使得

$$f(x) \equiv (x-c_1)(x-c_2)\cdots(x-c_n)g_n(x) \bmod p$$

其中 $g_n(x)$ 的首项系数是 a_n，$\deg g_n = 0$，即 $g_n(x) \equiv a_n \bmod p$。由 $f(c_{n+1}) \equiv 0 \bmod p$ 得

$$(c_{n+1}-c_1)(c_{n+1}-c_2)\cdots(c_{n+1}-c_n)g_n(c_{n+1}) \equiv 0 \bmod p$$

所以 $g_n(c_{n+1}) \equiv 0 \bmod p$，因此 $a_n \equiv 0 \bmod p$，与 $p \nmid a_n$ 矛盾。 证毕。

由反证法可得以下推论。

推论 若同余方程(4.4.1)的解数大于 n，则必有 $p \mid a_i (1 \leqslant i \leqslant n)$。

定理 4.4.5 设 $a_n = 1$，同余方程(4.4.1)恰有 n 个解的充要条件是在模 p 的意义下 $x^p - x$ 能被 $f(x)$ 整除。

证明 由多项式除法，存在唯一的一对 $q(x)$ 和 $r(x)$，使得 $x^p - x = q(x)f(x) + r(x)$，其中 $\deg r < n$，$\deg q = p - n$。

必要性：若 $f(x) \equiv 0 \bmod p$ 有 n 个解，由 Fermat 定理知，这 n 个解也是 $x^p - x \equiv 0 \bmod p$ 的根，因此也是 $r(x) \equiv 0 \bmod p$ 的根，所以 $r(x) \equiv 0 \bmod p$ 的解数 n 超过它的次数 $\deg r$。由定理 4.4.4 的推论，可得 $r(x) \equiv 0 \bmod p$，所以 $x^p - x \equiv q(x)f(x) \bmod p$。

充分性：若 $x^p - x \equiv q(x)f(x) \bmod p$，由 Fermat 定理，对任意的 $x \in \{0,1,2,\cdots,p-1\}$，都有 $x^p - x \equiv 0 \bmod p$，因此 $q(x)f(x) \equiv 0 \bmod p$。即 $q(x)f(x) \equiv 0 \bmod p$ 的解数为 p。设 $f(x) \equiv 0 \bmod p$ 的解数为 $k(k \leqslant n)$，$q(x) \equiv 0 \bmod p$ 的解数为 h，则有 $p \leqslant k+h$（因为 $f(x) \equiv 0 \bmod p$ 和 $q(x) \equiv 0 \bmod p$ 可能有相同的解）。但另一方面，由定理 4.4.4 得 $k \leqslant n$，$h \leqslant p-n$，所以 $k+h \leqslant n+(p-n) = p$，所以 $p = k+h$。若 $k < n$，$h = p-k > p-n = \deg q$，即 $q(x) \equiv 0 \bmod p$ 的解数大于它的次数，矛盾。所以 $k = n$。 证毕。

例 4.4.1 判断同余方程 $2x^3 + 5x^2 + 6x + 1 \equiv 0 \bmod 7$ 是否有 3 个解。

解 因为首项系数为 2，不能直接用定理 4.4.5。由定理 4.1.1，该方程与下面的同余方程等价：

$$4(2x^3 + 5x^2 + 6x + 1) \equiv x^3 - x^2 + 3x - 3 \bmod 7$$

做多项式除法得

$$x^7 - x = (x^3 - x^2 + 3x - 3)(x^3 + x^2 - 2x - 2) + 7x(x^2 - 1)$$

$$x^7 - x \equiv (x^3 - x^2 + 3x - 3)(x^3 + x^2 - 2x - 2) \bmod 7$$

即模 7 下 $x^3 - x^2 + 3x - 3$ 整除 $x^7 - x$。所以 $x^3 - x^2 + 3x - 3 \equiv 0 \bmod 7$ 有 3 个根，原方程也有 3 个根。

例 4.4.2 设素数 $p > 2$，$p \nmid d$，求同余方程 $x^2 - d \equiv 0 \bmod p$ 的解数为 2 的充要条件。

解 由于

$$x^{p-1} - 1 = (x^2)^{\frac{p-1}{2}} - d^{\frac{p-1}{2}} + d^{\frac{p-1}{2}} - 1 = (x^2 - d)q(x) + d^{\frac{p-1}{2}} - 1$$

由定理 4.4.5，解数为 2 的充要条件是

$$d^{\frac{p-1}{2}} - 1 \equiv 0 \bmod p$$

总结一下，在解同余方程(4.4.1)时，先去掉系数为 p 的倍数的项，再按定理 4.4.2 找出次数小于或等于 p 的等价方程。

例 4.4.3 求同余方程 $21x^{18}+2x^{15}-x^{10}+4x-3\equiv 0 \bmod 7$。

解 去掉系数为 7 的倍数的项,得 $2x^{15}-x^{10}+4x-3\equiv 0 \bmod 7$。做多项式 Euclid 除法得

$$2x^{15}-x^{10}+4x-3 = (x^7-x)(2x^8-x^3+2x^2)+(-x^4+2x^3+4x-3)$$

因此,等价的同余方程为

$$x^4-2x^3-4x+3\equiv 0 \bmod 7$$

将 $x=0,\pm1,\pm2,\pm3$ 代入,知方程无解。

在定理 4.4.2 中求等价的同余方程时,做 Euclid 除法得

$$f(x)=q(x)(x^p-x)+r(x)$$

但实际上并不需要知道 $q(x)$,而且次数高时,这种除法很麻烦。事实上,可由 Euler 定理 $(x^{p-1}\equiv 1 \bmod p)$ 直接化简。

例 4.4.4 求同余方程 $3x^{14}+4x^{13}+2x^{11}+x^9+x^6+x^3+12x^2+x\equiv 0 \bmod 5$。

解 由 Euler 定理知 $x^4\equiv 1 \bmod 5$。对 x^{14},有

$$x^{14}\equiv x^{3\cdot 4+2} \bmod 5 \equiv (x^4)^3 x^2 \bmod 5 \equiv x^2 \bmod 5$$

类似地,可得

$$x^{13}\equiv x \bmod 5, \quad x^{11}\equiv x^3 \bmod 5, \quad x^9\equiv x \bmod 5, \quad x^6\equiv x^2 \bmod 5$$

所以原同余方程等价于 $3x^3+x^2+6x\equiv 0 \bmod 5$。进一步得

$$2(3x^3+x^2+6x)\equiv x^3+2x^2+2x\equiv 0 \bmod 5$$

将 $x=0,\pm1,\pm2$ 代入验证,得方程的解为 $x\equiv 0,1,2(\bmod 5)$。

对于化简后得到的等价的同余方程 $r(x)\equiv 0 \bmod p$(其中 $\deg r\leqslant p-1$),没有一般的求解方法,只能是对模 p 的绝对最小剩余系数中的值一一进行验证。而且还可看出,即使有解,解数也不规则。

4.5 模数为素数幂的同余方程

本节考虑形如

$$f(x)\equiv a_nx^n+a_{n-1}x^{n-1}+\cdots+a_1x+a_0\equiv 0 \bmod p^{\alpha} \tag{4.5.1}$$

的方程,其中 $\alpha\geqslant 2$,p 为素数,$p\nmid a_n$。

方程的解法是一种递推的方法,先按 4.4 节求出

$$f(x)\equiv 0 \bmod p \tag{4.5.2}$$

的解 $x\equiv c \bmod p$。

$$f(x)\equiv 0 \bmod p^2 \tag{4.5.3}$$

的解可设为 $x=c+yp$,其中 y 为待定系数,将 $x=c+yp$ 代入式(4.5.3)可求出 y。一直下去,由 $f(x)\equiv 0 \bmod p^{\alpha-1}$ 的解 $x\equiv c \bmod p^{\alpha-1}$,设 $f(x)\equiv 0 \bmod p^{\alpha}$ 的解为 $x\equiv c+yp^{\alpha-1}$,代入 $f(x)\equiv 0 \bmod p^{\alpha}$,确定出待定系数 y,即得 $f(x)\equiv 0 \bmod p^{\alpha}$ 的解。

求 y 的具体过程如下:

由 Taylor 公式得

$$f(c+yp^{\alpha-1})=f(c)+f'(c)yp^{\alpha-1}+\frac{f''(c)}{2!}y^2p^{2(\alpha-1)}+\cdots$$

$$\equiv f(c) + f'(c)yp^{\alpha-1} (\bmod\ p^{\alpha})$$

其中 $f'(x)$ 是 $f(x)$ 的导函数。

由 $f(c) + f'(c)yp^{\alpha-1} \equiv 0\ \bmod\ p^{\alpha}$ 得 $p^{\alpha-1}f'(c)y \equiv -f(c)\ \bmod\ p^{\alpha}$。由于 $f(c) \equiv 0\ \bmod\ p^{\alpha-1}$，所以 $\dfrac{f(c)}{p^{\alpha-1}}$ 是整数，方程变为

$$f'(c)y \equiv -\frac{f(c)}{p^{\alpha-1}}\ \bmod\ p \qquad\qquad (4.5.4)$$

下面分 3 种情况讨论。

(1) $p \nmid f'(c)$，即 $(f'(c), p) = 1$，y 有一个解：

$$y \equiv -\frac{f(c)}{p^{\alpha-1}}(f'(c))^{-1}\ \bmod\ p$$

(2) $p \mid f'(c)$，但 $p \nmid \dfrac{f(c)}{p^{\alpha-1}}$，式 (4.5.4) 左边与 0 模 p 同余，右边不与 0 模 p 同余，因此无解。

(3) $p \mid f'(c)$ 且 $p \mid \dfrac{f(c)}{p^{\alpha-1}}$，此时式 (4.5.4) 的左右两边都与 0 模 p 同余，任一 $y \in \{0, 1, 2, \cdots, p-1\}$ 都是它的解。

例 4.5.1　解同余方程 $x^3 + 5x^2 + 9 \equiv 0\ \bmod\ 3^4$。

解　设 $f(x) = x^3 + 5x^2 + 9$，则 $f'(x) = 3x^2 + 10x$。对同余方程 $x^3 + 5x^2 + 9 \equiv 0\ \bmod\ 3$，将 $x \equiv 0, \pm 1 (\bmod\ 3)$ 代入验证，知 $x \equiv 0$、$1\ \bmod\ 3$ 是解。

下面求 $x^3 + 5x^2 + 9 \equiv 0\ \bmod\ 3^2$ 的解。

当 $x \equiv 0\ \bmod\ 3$ 时，$f(0) \equiv 0\ \bmod\ 3^2$，$f'(0) \equiv 0\ \bmod\ 3^2$，方程 (4.5.4) 为第 3 种情况，$y \equiv 0, \pm 1 (\bmod\ 3)$ 都是解，所以 $x^3 + 5x^2 + 9 \equiv 0\ \bmod\ 3^2$ 的解是 $x \equiv 0 + 3y \equiv 0$ 和 $\pm 3 (\bmod\ 3^2)$。

当 $x \equiv 1\ \bmod\ 3$ 时，$f(1) \equiv 6\ \bmod\ 3^2$，$f'(1) \equiv 4\ \bmod\ 3^2$，$3 \nmid f'(c)$，方程 (4.5.4) 为第 1 种情况。$4y \equiv -\dfrac{6}{3}\ \bmod\ 3$，$y$ 有唯一解，即 $1\ \bmod\ 3$。所以 $x^3 + 5x^2 + 9 \equiv 0\ \bmod\ 3^2$ 的解为 $1 + 1 \cdot 3 \equiv 4\ \bmod\ 3^2$。

下面按以上方法求 $x^3 + 5x^2 + 9 \equiv 0\ \bmod\ 3^3$ 的解。

对于 $x \equiv -3\ \bmod\ 3^2$，解为 $x \equiv -12, -3, -6 (\bmod\ 3^3)$。

对于 $x \equiv 3\ \bmod\ 3^2$，解为 $x \equiv -6, 3, 12 (\bmod\ 3^3)$。

对于 $x \equiv 0\ \bmod\ 3^2$，式 (4.5.4) 无解，故原方程无解。

对于 $x \equiv 4\ \bmod\ 3^2$，解为 $x \equiv 13\ \bmod\ 3^3$。

最后，按以上方法求 $x^3 + 5x^2 + 9 \equiv 0\ \bmod\ 3^4$ 的解。

可得原同余方程的解为 $x \equiv -21, 6, 33, -24, 3, 30, 40 (\bmod\ 3^4)$。

解同余方程 $f(x) \equiv a_n x^n + a_{n-1} x^{n-1} + \cdots a_1 x + a_0 \equiv 0\ \bmod\ m$ 的步骤如下：

(1) 写出 m 的标准分解式 $m = \prod\limits_{i=1}^{k} p_i^{\alpha_i}$。

(2) 解模为素数幂的每个同余方程 $f(x) \equiv 0\ \bmod\ p_i^{\alpha_i} (1 \leqslant i \leqslant k)$，这一步归结为求模为素数的同余方程 $f(x) \equiv 0\ \bmod\ p_i$。

(3) 建立等价的同余方程组：

$$\begin{cases} f(x) \equiv 0 \bmod p_1^{a_1} \\ f(x) \equiv 0 \bmod p_2^{a_2} \\ \vdots \\ f(x) \equiv 0 \bmod p_k^{a_k} \end{cases}$$

由中国剩余定理得 $f(x) \equiv 0 \bmod m$ 的解。

习　题

1. 求解下列一次同余方程。

(1) $3x \equiv 2 \bmod 7$。

(2) $17x \equiv 14 \bmod 21$。

(3) $23x \equiv 1 \bmod 140$。

(4) $17x \equiv 227 \bmod 1540$。

2. 设 $(a,m)=1,b \in \mathbf{N}$。再设 $f(x)$ 是整系数多项式，$g(y)=f(ay+b)$。证明：同余方程 $f(x) \equiv 0 \bmod m$ 与 $g(y) \equiv 0 \bmod m$ 的解数相同。指出如何从 $f(x) \equiv 0 \bmod m$ 的解求出 $g(y) \equiv 0 \bmod m$ 的解。

3. 设 $m_1, m_2, \cdots, m_k$ 两两互素，那么同余方程组 $a_i x \equiv b_i \bmod m_i (1 \leqslant i \leqslant k)$ 有解的充要条件是每一个同余方程 $a_i x \equiv b_i \bmod m_i$ 均有解，即 $(a_i, m_i) \mid b_i (1 \leqslant i \leqslant k)$。当 $m_1, m_2, \cdots, m_k$ 不是两两互素时，结论还成立吗？

4. 证明：同余方程组 $x \equiv a_i \bmod m_i (1 \leqslant i \leqslant k)$ 有解的充要条件是 $(m_i, m_j) \mid (a_i - a_j)$ $(1 \leqslant i \leqslant k, 1 \leqslant j \leqslant k, i \neq j)$。若有解，则对模 $[m_i, m_{i+1}, \cdots, m_k]$ 的解数为 1。

5. 求解同余方程 $3x^{14} + 4x^{13} + 2x^{11} + x^9 + x^6 + x^3 + 12x^2 + x \equiv 0 \bmod 5$。

6. 求解同余方程 $x^3 - 2x + 4 \equiv 0 \bmod 5^3$。

第5章

二次同余方程

5.1 二次同余方程的概念及二次剩余

由第 4 章知,解一般模数的二次同余方程可归结为解素数模的二次同余方程:
$$ax^2 + bx + c \equiv 0 \bmod p \tag{5.1.1}$$
其中 $p \nmid a$。

由 $p \nmid a$ 得 $(p,a)=1$,$(p,4a)=1$,将式(5.1.1)两边同乘以 $4a$,得
$$4a^2 x^2 + 4abx + 4ac \equiv 0 \bmod p$$
$$(2ax+b)^2 \equiv b^2 - 4ac \bmod p$$
做可逆变换 $y=2ax+b$(因为 $(p,2a)=1$),得到式(5.1.1)的等价同余方程:
$$y^2 \equiv b^2 - 4ac \bmod p$$
所以,只需讨论形如 $x^2 \equiv d \bmod p$ 的同余方程。当 $p \mid d$ 时,方程只有一个解 $0 \bmod p$,所以下面恒假设 $p \nmid d$。

定义 5.1.1 设素数 $p>2$,$a \in \mathbf{Z}$,$p \nmid a$。如果同余方程
$$x^2 \equiv a \bmod p \tag{5.1.2}$$
有解,则称 a 是模 p 的二次剩余,否则称为模 p 的二次非剩余。满足式(5.1.2)的 x 称为 a 的平方根。

例 5.1.1 由 $x^2 \equiv 1 \bmod 3$ 得 $x \equiv \pm 1 \bmod 3$,所以 1 是模 3 的二次剩余。

$x^2 \equiv -1 \bmod 3$ 无解,-1 是模 3 的二次非剩余。

$x^2 \equiv 1 \bmod 5$ 得 $x \equiv \pm 1 \bmod 5$,1 是模 5 的二次剩余。

$x^2 \equiv -1 \bmod 5$ 得 $x \equiv \pm 2 \bmod 5$,-1 是模 5 的二次剩余。

$x^2 \equiv 2 \bmod 5$ 无解,2 是模 5 的二次非剩余。

$x^2 \equiv -2 \bmod 5$ 无解,-2 是模 5 的二次非剩余。

已知 p,模 p 的二次剩余和二次非剩余元素的个数由以下定理给出。

定理 5.1.1 在模 p 的一个简化剩余系中,恰有 $\dfrac{p-1}{2}$ 个二次剩余和 $\dfrac{p-1}{2}$ 个二次非剩余。若 a 是二次剩余,则方程(5.1.2)有两个解。

证明 取模 p 的绝对最小简化剩余系
$$-\frac{p-1}{2}, -\frac{p-1}{2}+1, \cdots, -1, 1, \cdots, \frac{p-1}{2}-1, \frac{p-1}{2}$$
a 是模 p 的二次剩余,当且仅当 a 与以下 $p-1$ 个值中的一个模 p 同余:

$$\left(-\frac{p-1}{2}\right)^2, \left(-\frac{p-1}{2}+1\right)^2, \cdots, (-1)^2, 1^2, \cdots, \left(\frac{p-1}{2}-1\right)^2, \left(\frac{p-1}{2}\right)^2$$

但由于 $(-j)^2 \equiv j^2 \bmod p$，所以 a 是模 p 的二次剩余，当且仅当 a 与以下 $\dfrac{p-1}{2}$ 个值中的一个模 p 同余：

$$1^2, \cdots, \left(\frac{p-1}{2}-1\right)^2, \left(\frac{p-1}{2}\right)^2 \tag{5.1.3}$$

这 $\dfrac{p-1}{2}$ 个值中任意两个都不同余。否则设 $i^2 \equiv j^2 \bmod p$，则得 $(i+j)(i-j) \equiv 0 \bmod p$，所以 $p \mid i+j$ 或 $p \mid i-j$。但 $1 \leqslant i, j \leqslant \dfrac{p-1}{2}$，$2 \leqslant i+j \leqslant p-1$，$|i-j| \leqslant p-1$，所以 $i=j$，矛盾。所以式 (5.1.3) 给出了模 p 的全部二次剩余，其余的 $p-1-\dfrac{p-1}{2}=\dfrac{p-1}{2}$ 个元素是二次非剩余。所以若 a 是二次剩余，a 必为式 (5.1.3) 中的一项，而且仅为其中一项。

若 $x \equiv i \bmod p$ 是式 (5.1.2) 的解，则 $x \equiv -i \bmod p$ 也是式 (5.1.2) 的解，即式 (5.1.2) 有两个解。   证毕。

由以上证明过程可得如下推论。

推论 设 a 是模 p 的二次剩余，则 a 与 $1^2, 2^2, \cdots, \left(\dfrac{p-1}{2}\right)^2$ 中的一个且仅与一个模 p 同余。

例 5.1.2 求模 19 的二次剩余。

解 由定理 5.1.1 的推论，求模 19 的二次剩余就是在模 19 的绝对最小简化剩余系 $-9, -8, \cdots, -1, 1, 2, \cdots, 9$ 中求 a，它与 $1^2, 2^2, \cdots, 9^2$ 中的某一个模 19 同余，如表 5.1.1 所示。

表 5.1.1 模 19 的二次剩余

j	1	2	3	4	5	6	7	8	9
$a \equiv j^2 \bmod 19$	1	4	9	-3	6	-2	-8	7	5

所以模 19 的二次剩余是 $1, -2, -3, 4, 5, 6, 7, -8, 9$，二次非剩余是 $-1, 2, 3, -4, -5, -6, -7, 8, -9$。

反过来看表 5.1.1，可得每个二次剩余的两个解。例如，6 是二次剩余，它的两个解是 $\pm 5 \bmod 19$。

定理 5.1.2 可直接判断 a 是不是模 p 的二次剩余，可无须在模 p 的绝对最小简化剩余系中逐一验证。

定理 5.1.2 设素数 $p>2$，$p \nmid a$，则 a 是模 p 的二次剩余的充要条件是

$$a^{\frac{p-1}{2}} \equiv 1 \bmod p$$

a 是模 p 的二次非剩余的充要条件是

$$a^{\frac{p-1}{2}} \equiv -1 \bmod p$$

证明 由于

$$x^{p-1}-1=(x^2)^{\frac{p-1}{2}}-a^{\frac{p-1}{2}}+a^{\frac{p-1}{2}}-1=(x^2-a)q(x)+(a^{\frac{p-1}{2}}-1)$$

由定理 4.4.5 得 $x^2-a\equiv 0\bmod p$ 有两个解(即 a 是模 p 的二次剩余)的充要条件是

$$x^2-a\mid x^p-x=x(x^{p-1}-1)$$

因 $x^2-a\equiv 0\bmod p$ 没有 0 解,即 x^2-a 没有 x 因子,所以

$$x^2-a\mid x^{p-1}-1$$

等价于

$$a^{\frac{p-1}{2}}-1\equiv 0\bmod p$$

即

$$a^{\frac{p-1}{2}}\equiv 1\bmod p$$

又由于

$$\left(a^{\frac{p-1}{2}}+1\right)\left(a^{\frac{p-1}{2}}-1\right)\equiv a^{p-1}-1\bmod p\equiv 0\bmod p$$

其中第二个同余式由 Euler 定理得,所以

$$p\mid a^{\frac{p-1}{2}}+1\quad\text{或}\quad p\mid a^{\frac{p-1}{2}}-1$$

但这两个同余式不能同时成立,否则

$$a^{\frac{p-1}{2}}\equiv -1\bmod p\quad\text{且}\quad a^{\frac{p-1}{2}}\equiv 1\bmod p$$

得 $-1\equiv 1\bmod p$,$2\equiv 0\bmod p$,矛盾。

所以,a 是模 p 的二次非剩余的充要条件是 $a^{\frac{p-1}{2}}\equiv -1\bmod p$。　　　　证毕。

从上述证明过程还可见,如果 a 是模 p 的二次剩余,则

$$a^{\frac{p-1}{2}}-1\equiv 0\bmod p,\quad x^2-a\mid x^p-x$$

因此 $x^2-a\equiv 0\bmod p$ 有两个解,这也是定理 5.1.1 的结论。

推论 1　-1 是模 p 的二次剩余的充要条件是 $p\equiv 1\bmod 4$。

证明　取模 4 的最小非负完全剩余系 $0,1,2,3$,当且仅当 p 在最小非负完全剩余系中取 1,即 $p\equiv 1\bmod 4$ 时,满足方程

$$(-1)^{\frac{p-1}{2}}\equiv 1\bmod p$$

证毕。

推论 2　设素数 $p>2$,$p\nmid a_1$,$p\nmid a_2$,则

(1) 若 a_1、a_2 均为模 p 的二次剩余,则 a_1a_2 也是模 p 的二次剩余。

(2) 若 a_1、a_2 均为模 p 的二次非剩余,则 a_1a_2 是模 p 的二次剩余。

(3) 若 a_1 是模 p 的二次剩余,a_2 是模 p 的二次非剩余,则 a_1a_2 是模 p 的二次非剩余。

证明　因为 $(a_1a_2)^{\frac{p-1}{2}}=a_1^{\frac{p-1}{2}}a_2^{\frac{p-1}{2}}$,由定理 5.1.2 即得。　　　　证毕。

例 5.1.3　判断 3 是否为模 17 的二次剩余,7 是否为模 29 的二次剩余。

解　因为

$$3^2\equiv 9\bmod 17\equiv -8\bmod 17,\quad 3^4\equiv -4\bmod 17,\quad 3^8\equiv 16\bmod 17\equiv -1\bmod 17$$

所以 3 是模 17 的二次非剩余。

因为

$$7^2 \equiv -9 \bmod 29, \quad 7^3 \equiv -5 \bmod 29, \quad 7^4 \equiv -6 \bmod 29,$$
$$7^7 = 7^3 \cdot 7^4 \equiv 1 \bmod 29, \quad 7^{14} \equiv 1 \bmod 29$$

所以 7 是模 29 的二次剩余。

5.2 Legendre 符号

要判断 a 是否为模 p 的二次剩余，由定理 5.1.1 要逐一检验 a 是否与以下各值中的某一个模 p 同余：

$$1^2, 2^2, \cdots, \left(\frac{p-1}{2}\right)^2$$

或者由定理 5.1.2 计算 $a^{\frac{p-1}{2}} \bmod p$ 的值。当 p 很大时，两个方法都不实用。本节介绍一种简单方法，即求 a 模 p 的 Legendre 符号。

定义 5.2.1 设素数 $p>2$，定义 Legendre 符号如下：

$$\left(\frac{a}{p}\right) = \begin{cases} 1, & a \text{ 是模 } p \text{ 的二次剩余} \\ -1, & a \text{ 是模 } p \text{ 的二次非剩余} \\ 0, & p \mid a \end{cases}$$

所以，要判断 a 是否为模 p 的二次剩余，只需计算 $\left(\frac{a}{p}\right)$ 即可。

定理 5.2.1 Legendre 符号有以下性质。

(1) $\left(\frac{a}{p}\right) = \left(\frac{p+a}{p}\right)$，一般地 $\left(\frac{a}{p}\right) = \left(\frac{a+kp}{p}\right)$，其中 $k \in \mathbf{Z}$。

(2) $\left(\frac{a}{p}\right) \equiv a^{\frac{p-1}{2}} \bmod p$。

(3) $\left(\frac{ab}{p}\right) = \left(\frac{a}{p}\right)\left(\frac{b}{p}\right)$，即 Legendre 符号是完全积性的。

(4) 当 $p \nmid a$ 时，$\left(\frac{a^2}{p}\right) = 1$。

(5) $\left(\frac{1}{p}\right) = 1$，$\left(\frac{-1}{p}\right) = (-1)^{\frac{p-1}{2}}$。

证明极简单，略。

由定理 5.2.1 可见，当 a 增加时，$\left(\frac{a}{p}\right)$ 以 p 为周期，若 $a>p$，则总能求出 $q<p$，$(p,q)=1$，使得 $\left(\frac{a}{p}\right) = \left(\frac{q}{p}\right)$。

下面考虑如何求 $\left(\frac{2}{p}\right)$ 及一般形式的 $\left(\frac{q}{p}\right)$，为此需要引入 Gauss 引理。

引理 5.2.1(Gauss 引理) 设素数 $p>2$，$p \nmid a$，如果

$$a \cdot 1, a \cdot 2, \cdots, a \cdot \frac{p-1}{2} \pmod{p} \tag{5.2.1}$$

中大于 $\frac{p}{2}$ 的元素个数为 n，则

$$\left(\frac{a}{p}\right) = (-1)^n$$

证明　在式(5.2.1)的 $\frac{p-1}{2}$ 个数中，当 $i \not\equiv j$ 时，$ai \not\equiv aj \bmod p$，否则由 $(a,p)=1$ 得 $i \equiv j \bmod p$。

将式(5.2.1)中大于 $\frac{p}{2}$ 的数记为 $r_1, r_2, \cdots, r_n$，小于 $\frac{p}{2}$ 的数记为 $s_1, s_2, \cdots, s_t$。显然

$$1 \leqslant p - r_i < \frac{p}{2} \quad (1 \leqslant i \leqslant n) \quad 且 \quad p - r_i \not\equiv s_j \bmod p \quad (1 \leqslant j \leqslant t)$$

这是因为

$$-\frac{p}{2} < -s_j < 0$$

$$-\frac{p}{2} + 1 < p - r_i - s_j < \frac{p}{2}$$

$$p - r_i - s_j \not\equiv 0 \bmod p$$

所以 $p - r_1, p - r_2, \cdots, p - r_n, s_1, s_2, \cdots, s_t$ 就是 $1, 2, \cdots, \frac{p-1}{2}$ 的一个排列。将式(5.2.1)中的 $\frac{p-1}{2}$ 个数相乘，得

$$a^{\frac{p-1}{2}} \cdot \frac{p-1}{2}! \equiv s_1 s_2 \cdots s_t \cdot r_1 r_2 \cdots r_n \bmod p$$

$$\equiv (-1)^n s_1 s_2 \cdots s_t (p - r_1)(p - r_2) \cdots (p - r_n) \bmod p$$

$$\equiv (-1)^n \frac{p-1}{2}! \bmod p$$

又因为

$$\left(\frac{p-1}{2}!, p\right) = 1$$

所以，

$$a^{\frac{p-1}{2}} \equiv (-1)^n \bmod p$$

证毕。

定理 5.2.2　设素数 $p > 2$。

(1) $\left(\dfrac{2}{p}\right) = (-1)^{\frac{p^2-1}{8}}$。

(2) 当 $(a, 2p) = 1$ 时，

$$\left(\frac{a}{p}\right) = (-1)^T$$

其中，$T = \displaystyle\sum_{j=1}^{\frac{p-1}{2}} \left\lfloor \frac{ja}{p} \right\rfloor$。

证明　当 $1 \leqslant j \leqslant \frac{p-1}{2}$ 时，因为

$$ja = p\left\lfloor \frac{ja}{p} \right\rfloor + t_j$$

其中 $0<t_j<p$。对该式两边求和，左边为

$$a\left(1+2+\cdots+\frac{p-1}{2}\right)=a\,\frac{p^2-1}{8}$$

右边为

$$p\sum_{j=1}^{\frac{p-1}{2}}\left\lfloor\frac{ja}{p}\right\rfloor+\sum_{j=1}^{\frac{p-1}{2}}t_j=pT+\sum_{i=1}^{t}s_i+\sum_{j=1}^{n}r_j$$

$$=pT+\sum_{i=1}^{t}s_i+\sum_{j=1}^{n}(p-r_j)-np+2\sum_{j=1}^{n}r_j$$

由引理 5.2.1 的证明知 $s_1,s_2,\cdots,s_t,p-r_1,p-r_2,\cdots,p-r_n$ 是 $1,2,\cdots,\frac{p-1}{2}$ 的一个排列，

$$\sum_{i=1}^{t}s_i+\sum_{j=1}^{n}(p-r_j)=\frac{p^2-1}{8}$$

得

$$(a-1)\,\frac{p^2-1}{8}=(T-n)p+2\sum_{j=1}^{n}r_j$$

$$(a-1)\,\frac{p^2-1}{8}\equiv(T-n)p \bmod 2\equiv(T-n) \bmod 2\equiv(T+n) \bmod 2$$

当 $a=2$ 时，对于 $1\leqslant j\leqslant\frac{p-1}{2}$，有

$$ja\leqslant p-1,\quad\left\lfloor\frac{ja}{p}\right\rfloor=0$$

所以

$$T=\sum_{j=1}^{\frac{p-1}{2}}\left\lfloor\frac{ja}{p}\right\rfloor=0$$

所以

$$n\equiv\frac{p^2-1}{8} \bmod 2$$

而当 $(a,2p)=1$ 时，a 必为奇数，$a-1\equiv 0 \bmod 2$，所以从上式可得 $T\equiv n \bmod 2$，由引理 5.2.1 即得

$$\left(\frac{a}{p}\right)=(-1)^T$$

证毕。

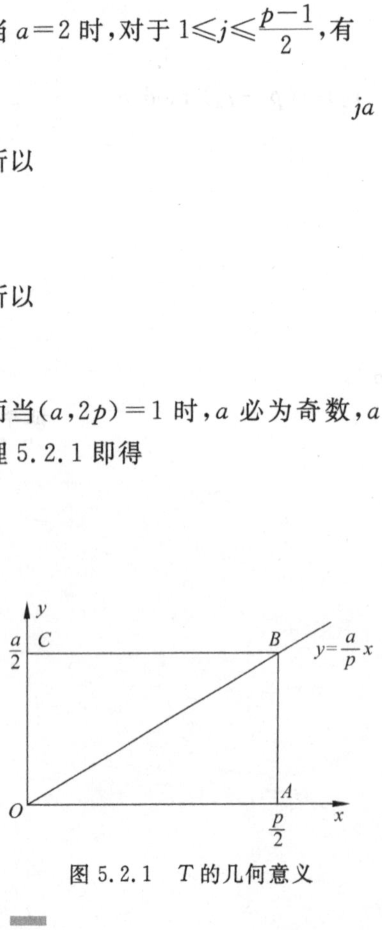

图 5.2.1　T 的几何意义

T 的几何意义如图 5.2.1 所示。

T 表示图 5.2.1 中 x 轴、直线 $x=\frac{p}{2}$、直线 $y=\frac{a}{p}x$ 所围成的 $\triangle OAB$ 内部的整数点的个数，这是因为以下两点：

(1) 线段 AB 上 $x=\frac{p}{2}$，无整数点。线段 OB 上，

因 $(a,p)=1$，$p \nmid a$，无整数点。

（2）当 $0<j<\dfrac{p}{2}$ 时，线段 $x=j$ 上整数点个数为 $\left\lfloor \dfrac{aj}{p} \right\rfloor$，所以 $\triangle OAB$ 内部整数点个数为

$$\sum_{j=0}^{\frac{p-1}{2}} \left\lfloor \frac{aj}{p} \right\rfloor = T$$

如果 $a=q$，其中 $q \neq p$ 且为素数，则有

$$\left(\frac{q}{p}\right) = (-1)^T$$

类似地有

$$\left(\frac{p}{q}\right) = (-1)^S$$

其中，

$$S = \sum_{l=1}^{\frac{q-1}{2}} \left\lfloor \frac{lp}{p} \right\rfloor$$

为图 5.2.1 中 $\triangle OCB$ 内部整数点个数。

而 $S+T$ 是矩形 $OABC$ 内部整数点的个数，因此

$$S+T = \frac{p-1}{2} \frac{q-1}{2}$$

所以有

$$\left(\frac{q}{p}\right)\left(\frac{p}{q}\right) = (-1)^{S+T} = (-1)^{\frac{p-1}{2}\frac{q-1}{2}}$$

由此可得如下定理。

定理 5.2.3（二次互反律） 设素数 p、q 均大于 2，$p \neq q$，则

$$\left(\frac{q}{p}\right)\left(\frac{p}{q}\right) = (-1)^{\frac{p-1}{2}\frac{q-1}{2}}$$

或写成

$$\left(\frac{q}{p}\right) = (-1)^{\frac{p-1}{2}\frac{q-1}{2}}\left(\frac{p}{q}\right)$$

二次互反律的意义：$\left(\dfrac{a}{p}\right)$ 以 p 为周期，若 $a>p$，则总能找到 $q<p$，$(p,q)=1$，使得 $\left(\dfrac{a}{p}\right)=\left(\dfrac{q}{p}\right)$。由二次互反律知，要求 $\left(\dfrac{q}{p}\right)$，只需求 $\left(\dfrac{p}{q}\right)$，它的周期 $q<p$，即所求的 Legendre 符号的周期越来越小，最后变为求形如 $\left(\dfrac{1}{p}\right)$ 或 $\left(\dfrac{2}{p}\right)$ 的 Legendre 符号。

例 5.2.1 求 $\left(\dfrac{137}{227}\right)$。

解 227 为素数，

$$\left(\frac{137}{227}\right) = \left(\frac{-90}{227}\right) = \left(\frac{-1}{227}\right)\left(\frac{2\cdot 3^2\cdot 5}{227}\right) = (-1)\left(\frac{2}{227}\right)\left(\frac{3^2}{227}\right)\left(\frac{5}{227}\right)$$

其中，

$$\left(\frac{2}{227}\right)=(-1)^{\frac{227^2-1}{8}}=-1, \quad \left(\frac{3^2}{227}\right)=1, \quad \left(\frac{5}{227}\right)=\left(\frac{227}{5}\right)=\left(\frac{2}{5}\right)=-1$$

所以 $\left(\frac{137}{227}\right)=-1$。这表明同余方程 $x^2\equiv137 \bmod 227$ 无解。

例 5.2.2 判断以下两个同余方程是否有解。若有解,求出其解数。

(1) $x^2\equiv-1 \bmod 365$。

(2) $x^2\equiv2 \bmod 3599$。

解

(1) 365 不是素数,$365=5\cdot73$,所以同余方程与以下同余方程组等价:

$$\begin{cases} x^2\equiv-1 \bmod 5 \\ x^2\equiv-1 \bmod 73 \end{cases}$$

由于 $\left(\frac{-1}{5}\right)=1$,$\left(\frac{-1}{73}\right)=1$,同余方程组有解,原方程的解数为 4。

(2) 3599 不是素数,$3599=59\cdot61$,同余方程等价于以下同余方程组:

$$\begin{cases} x^2\equiv2 \bmod 59 \\ x^2\equiv2 \bmod 61 \end{cases}$$

由于 $\left(\frac{2}{59}\right)=-1$,所以同余方程组无解,原方程无解。

例 5.2.3 求分别以 3 为其二次剩余和二次非剩余的所有奇素数 p。

解 就是分别求满足 $\left(\frac{3}{p}\right)=1$ 和 $\left(\frac{3}{p}\right)=-1$ 的奇素数 p。

因为

$$\left(\frac{3}{p}\right)=(-1)^{\frac{p-1}{2}}\left(\frac{p}{3}\right)$$

由定理 5.1.2 的推论 1,有

$$(-1)^{\frac{p-1}{2}}=\begin{cases} 1, & p\equiv1 \bmod 4 \\ -1, & p\equiv-1 \bmod 4 \end{cases}$$

在求 $\left(\frac{p}{3}\right)$ 时,将 $p=3,5,7,11,13,17,19,\cdots$ 逐个代入,可知 $p=7,13,19,\cdots$(即 $p=6k+1,k\in\mathbf{N}$)时为 1,$p=5,11,17,\cdots$(即 $p=6k+5,k\in\mathbf{N}$)时为 -1,所以

$$\left(\frac{p}{3}\right)=\begin{cases} \dfrac{1}{3}=1, & p\equiv1 \bmod 6 \\ \left(\dfrac{-1}{3}\right)=-1, & p\equiv-1 \bmod 6 \end{cases}$$

所以 $\left(\frac{3}{p}\right)=1$ 的充要条件是:$p\equiv1 \bmod 4$ 且 $p\equiv1 \bmod 6$,即 $p\equiv1 \bmod 12$;或 $p\equiv-1 \bmod 4$ 且 $p\equiv-1 \bmod 6$,即 $p\equiv-1 \bmod 12$。

而 $\left(\frac{3}{p}\right)=-1$ 的充要条件是:$p\equiv1 \bmod 4$ 且 $p\equiv-1 \bmod 6$;或 $p\equiv-1 \bmod 4$ 且 $p\equiv1 \bmod 6$。即:$p\equiv5 \bmod 4$ 且 $p\equiv5 \bmod 6$;或 $p\equiv-5 \bmod 4$ 且 $p\equiv-5 \bmod 6$。所以 $p\equiv5 \bmod 12$ 或 $p\equiv-5 \bmod 12$。

例 5.2.4　求分别以 11 为其二次剩余和二次非剩余的所有奇素数 p。

解

$$\left(\frac{11}{p}\right)=(-1)^{\frac{p-1}{2}}\left(\frac{p}{11}\right)$$

$$(-1)^{\frac{p-1}{2}}=\begin{cases}1,&p\equiv 1\bmod 4\\-1,&p\equiv -1\bmod 4\end{cases}$$

对模 11 的绝对最小完全剩余系 $\pm 1,\pm 2,\pm 3,\pm 4,\pm 5$ 中的每个值进行计算,可得

$$\left(\frac{p}{11}\right)=\begin{cases}1,&p\equiv 1,-2,3,4,5(\bmod 11)\\-1,&p\equiv -1,2,-3,-4,-5(\bmod 11)\end{cases}$$

由同余方程组

$$\begin{cases}p\equiv a_1\bmod 4\\p\equiv a_2\bmod 11\end{cases}$$

得 $p\equiv(-11a_1+12a_2)\bmod 44$。

$\left(\dfrac{11}{p}\right)=1$ 当且仅当 $a_1=1,a_2=1,-2,3,4,5$;或 $a_1=-1,a_2=-1,2,-3,-4,-5$。

所以 $p\equiv\pm 1,\pm 5,\pm 7,\pm 9,\pm 19(\bmod 44)$。

同理,$\left(\dfrac{11}{p}\right)=-1$ 当且仅当 $a_1=1,a_2=-1,2,-3,-4,-5$;或 $a_1=-1,a_2=1,-2$,

$3,4,5$。所以 $p\equiv\pm 3,\pm 13,\pm 15,\pm 17,\pm 21(\bmod 44)$。

例 5.2.5　证明满足 $p\equiv 1\bmod 4$ 的素数有无穷多个。

证明　用反证法。假设满足条件的素数有有限个,它们构成的集合记为 $A=\{p_1,p_2,$ $\cdots,p_k\}$,构造 $P=1+(2p_1p_2\cdots p_k)^2$,满足 $P\equiv 1\bmod 4$,P 不是素数,否则 $P\in A$,不可能。

设 p 是 P 的素因子,则

$$\left(\frac{-1}{p}\right)=\left(\frac{-1+P}{p}\right)=\left(\frac{2(p_1p_2\cdots p_k)^2}{p}\right)=1$$

由定理 5.1.2 的推论 1 可知 $p\equiv 1\bmod 4$,所以 $p\in A$。由 $p\mid P,p\mid(2p_1p_2\cdots p_k)^2$ 可得

$$p\mid(P-(2p_1p_2\cdots p_k)^2)=1$$

矛盾。

证毕。

5.3　Jacobi 符号

在求 Legendre 符号 $\left(\dfrac{a}{p}\right)$ 时,需要求出 a 的素因数分解,然后再用 Legendre 符号的性质和二次互反律来求解,但当 a 很大时计算复杂。为了避免这种复杂的计算,引入 Jacobi 符号。

定义 5.3.1　设 $P=p_1p_2\cdots p_s$,其中 $p_j(1\leqslant j\leqslant s)$ 是素数,定义

$$\left(\frac{a}{P}\right)=\left(\frac{a}{p_1}\right)\left(\frac{a}{p_2}\right)\cdots\left(\frac{a}{p_s}\right)$$

其中 $\left(\dfrac{a}{p_j}\right)(1\leqslant j\leqslant s)$ 是模 p_j 的 Legendre 符号。称 $\left(\dfrac{a}{P}\right)$ 为 Jacobi 符号。

由定义 5.3.1 及 Legendre 符号的性质,容易推出 Jacobi 符号有以下性质。

定理 5.3.1

(1) $\left(\dfrac{1}{P}\right)=1$。

(2) $\left(\dfrac{a}{P}\right)=\begin{cases}0, & (a,P)>1 \\ \pm 1, & (a,P)=1\end{cases}$。

(3) $\left(\dfrac{a}{P}\right)=\left(\dfrac{a+P}{P}\right)$。

(4) $\left(\dfrac{ab}{P}\right)=\left(\dfrac{a}{P}\right)\left(\dfrac{b}{P}\right)$。

(5) $\left(\dfrac{a}{P_1P_2}\right)=\left(\dfrac{a}{P_1}\right)\left(\dfrac{a}{P_2}\right)$。

(6) 当 $(a,P)=1$ 时,$\left(\dfrac{a^2}{P}\right)=\left(\dfrac{a}{P^2}\right)=1$。

为了进一步得到 Jacobi 符号的其他性质,需要以下引理。

引理 5.3.1 设 $a_j\equiv 1\bmod m(1\leqslant j\leqslant s)$,$a=a_1a_2\cdots a_s$,则

$$\frac{a-1}{m}\equiv\frac{a_1-1}{m}+\frac{a_2-1}{m}+\cdots+\frac{a_s-1}{m}\ \bmod m$$

证明 对 s 用归纳法。

$s=2$ 时,

$$a-1=a_1a_2-1=(a_1-1)+(a_2-1)+(a_1-1)(a_2-1)$$

由 $a_j\equiv 1\bmod m$,知 $a\equiv 1\bmod m$,所以

$$\frac{a-1}{m}\equiv\frac{a_1-1}{m}+\frac{a_2-1}{m}+\frac{(a_1-1)(a_2-1)}{m}\bmod m$$

$$\equiv\frac{a_1-1}{m}+\frac{a_2-1}{m}\ \bmod m$$

其中,第 3 项中 $m^2\mid(a_1-1)(a_2-1)$。

设 $s=k$ 时,结论成立。

当 $s=k+1$ 时,

$$a=(a_1a_2\cdots a_k)a_{k+1}$$

$$\frac{a-1}{m}\equiv\frac{a_1a_2\cdots a_k-1}{m}+\frac{a_{k+1}-1}{m}\ \bmod m$$

$$\equiv\left(\frac{a_1-1}{m}+\frac{a_2-1}{m}+\cdots+\frac{a_k-1}{m}\right)+\frac{a_{k+1}-1}{m}\ \bmod m$$

证毕。

定理 5.3.2 $\left(\dfrac{-1}{P}\right)=(-1)^{\frac{P-1}{2}}$,$\left(\dfrac{2}{P}\right)=(-1)^{\frac{P^2-1}{8}}$。

证明 设 $P=p_1p_2\cdots p_s$,则

$$\left(\frac{-1}{P}\right)=\left(\frac{-1}{p_1}\right)\cdots\left(\frac{-1}{p_s}\right)=(-1)^{\frac{p_1-1}{2}}(-1)^{\frac{p_2-1}{2}}\cdots(-1)^{\frac{p_s-1}{2}}=(-1)^{\frac{p_1-1}{2}+\frac{p_2-1}{2}+\cdots+\frac{p_s-1}{2}}$$

在引理 5.3.1 中,取 $m=2$,$a_j=p_j(1\leqslant j\leqslant s)$,得

$$\frac{p_1-1}{2}+\frac{p_2-1}{2}+\cdots+\frac{p_s-1}{2}\equiv\frac{P-1}{2}\ \mathrm{mod}\ 2$$

所以

$$\left(\frac{-1}{P}\right)=(-1)^{\frac{P-1}{2}}$$

$$\left(\frac{2}{P}\right)=\left(\frac{2}{p_1}\right)\left(\frac{2}{p_2}\right)\cdots\left(\frac{2}{p_s}\right)=(-1)^{\frac{p_1^2-1}{8}}(-1)^{\frac{p_2^2-1}{8}}\cdots(-1)^{\frac{p_s^2-1}{8}}$$

$$=(-1)^{\frac{p_1^2-1}{8}+\frac{p_2^2-1}{8}+\cdots+\frac{p_s^2-1}{8}}$$

由于 p_j 是奇素数，设 $p_j=2k+1$，则 $p_j^2-1=4k(k+1)$，k 和 $k+1$ 是两个连续的整数，必有一个偶数，所以 $8\mid(p_j^2-1)$，$p_j^2\equiv1\ \mathrm{mod}\ 8$。

在引理 5.3.1 中，取 $m=8$，$a_j=p_j^2(1\leqslant j\leqslant s)$，就有

$$\frac{P^2-1}{8}\equiv\frac{p_1^2-1}{8}+\frac{p_2^2-1}{8}+\cdots+\frac{p_s^2-1}{8}\ \mathrm{mod}\ 8$$

所以

$$\left(\frac{2}{P}\right)=(-1)^{\frac{P^2-1}{8}}$$

证毕。

Jacobi 符号也有互反律。

定理 5.3.3　设 P、Q 是奇数，满足 $P>1$，$Q>1$，$(P,Q)=1$，则

$$\left(\frac{Q}{P}\right)\left(\frac{P}{Q}\right)=(-1)^{\frac{P-1}{2}\frac{Q-1}{2}}$$

证明　设 $P=p_1p_2\cdots p_s$，$Q=q_1q_2\cdots q_r$，其中 p_j、$q_i(1\leqslant j\leqslant s,1\leqslant i\leqslant r)$ 都为素数，且 $p_j\neq q_i$（否则与 $(P,Q)=1$ 矛盾）。

$$\left(\frac{Q}{P}\right)=\prod_{j=1}^{s}\left(\frac{Q}{p_j}\right)=\prod_{j=1}^{s}\prod_{i=1}^{r}\left(\frac{q_i}{p_j}\right)=\prod_{j=1}^{s}\prod_{i=1}^{r}\left[\left(\frac{p_j}{q_i}\right)(-1)^{\frac{p_j-1}{2}\frac{q_i-1}{2}}\right]$$

$$=\prod_{j=1}^{s}\prod_{i=1}^{r}\left(\frac{p_j}{q_i}\right)\prod_{j=1}^{s}\prod_{i=1}^{r}(-1)^{\frac{p_j-1}{2}\frac{q_i-1}{2}}$$

$$=\left(\frac{P}{Q}\right)(-1)^{\sum\limits_{j=1}^{s}\sum\limits_{i=1}^{r}\frac{p_j-1}{2}\frac{q_i-1}{2}}=\left(\frac{P}{Q}\right)(-1)^{\sum\limits_{j=1}^{s}\frac{p_j-1}{2}\sum\limits_{i=1}^{r}\frac{q_i-1}{2}}$$

$$=\left(\frac{P}{Q}\right)(-1)^{\frac{P-1}{2}\frac{Q-1}{2}}$$

最后一步由定理 5.3.2 的证明过程可得。

证毕。

以上性质表明：在计算 Jacobi 符号（包括 Legendre 符号作为它的特殊情形时），并不需要求素因子分解式。例如，105 虽然不是素数，但是在计算 Legendre 符号 $\left(\dfrac{105}{317}\right)$ 时，可以先把它看作 Jacobi 符号来计算，由上述两个定理得

$$\left(\frac{105}{317}\right)=\left(\frac{317}{105}\right)=\left(\frac{2}{105}\right)=1$$

一般在计算 $\left(\dfrac{m}{n}\right)$ 时，如果有必要，可用 $m\ \mathrm{mod}\ n$ 代替 m，而互反律用以减小 $\left(\dfrac{m}{n}\right)$ 中的 n。

可见,引入 Jacobi 符号对计算 Legendre 符号是十分方便的。但应强调指出,Jacobi 符号和 Legendre 符号的本质差别是:Jacobi 符号 $\left(\dfrac{a}{n}\right)$ 不表示方程 $x^2 \equiv a \bmod n$ 是否有解。例如 $n = p_1 p_2$,a 关于 p_1 和 p_2 都不是二次剩余,即 $x^2 \equiv a \bmod p_1$ 和 $x^2 \equiv a \bmod p_2$ 都无解,由中国剩余定理知 $x^2 \equiv a \bmod n$ 也无解。但是,由于

$$\left(\frac{a}{p_1}\right) = \left(\frac{a}{p_2}\right) = -1$$

所以

$$\left(\frac{a}{n}\right) = \left(\frac{a}{p_1}\right)\left(\frac{a}{p_2}\right) = 1$$

即 $x^2 \equiv a \bmod n$ 虽无解,但 Jacobi 符号 $\left(\dfrac{a}{n}\right)$ 却为 1。

例 5.3.1 考虑方程 $x^2 \equiv 2 \bmod 3599$,由于 $3599 = 59 \cdot 61$,所以该方程等价于以下方程组:

$$\begin{cases} x^2 \equiv 2 \bmod 59 \\ x^2 \equiv 2 \bmod 61 \end{cases}$$

由于 $\left(\dfrac{2}{59}\right) = -1$,所以方程组无解,但 Jacobi 符号为

$$\left(\frac{2}{3599}\right) = (-1)^{\frac{3599^2-1}{8}} = 1$$

5.4 Rabin 密码体制

Rabin 密码体制是基于大整数分解问题及二次剩余问题提出的。

设 n 是两个大素数 p 和 q 的乘积。由定理 5.1.1 知,1 到 $p-1$ 之间有一半是模 p 的二次剩余(记这些数的集合为 Q_p),另一半是模 p 的二次非剩余(记这些数的集合为 NQ_p);对 q 也有类似的结论(分别记两个集合为 Q_q 和 NQ_q)。另一方面,a 是模 n 的二次剩余当且仅当 a 既是模 p 的二次剩余也是模 q 的二次剩余(即 $a \in Q_p \cap Q_q$)。所以,对满足 $0 < a < n$,$(a, n) = 1$ 的 a,有一半满足

$$\left(\frac{a}{n}\right) = 1 \, (a \in Q_p \cap Q_q \text{ 或 } a \in NQ_p \cap NQ_q)$$

另一半满足

$$\left(\frac{a}{n}\right) = -1 \, (a \in Q_p \cap NQ_q \text{ 或 } a \in NQ_p \cap Q_q)$$

而在满足 $\left(\dfrac{a}{n}\right) = 1$ 的 a 中,有一半满足

$$\left(\frac{a}{p}\right) = \left(\frac{a}{q}\right) = 1 \, (a \in Q_p \cap Q_q)$$

这些 a 就是模 n 的二次剩余;另一半满足

$$\left(\frac{a}{p}\right) = \left(\frac{a}{q}\right) = -1 \, (a \in NQ_p \cap NQ_q)$$

这些 a 是模 n 的二次非剩余。

设 a 是模 n 的二次剩余,即存在 x 使得 $x^2 \equiv a \bmod n$ 成立,因 a 既是模 p 的二次剩余,又是模 q 的二次剩余,所以存在 y、z,使得

$$(\pm y)^2 \equiv a \bmod p, \quad (\pm z)^2 \equiv a \bmod q$$

当 $p \equiv q \equiv 3 \bmod 4$ 时,y 和 z 可以很容易地求出。

定理 5.4.1　设素数 $p \equiv 3 \bmod 4$,若 a 是模 p 的二次剩余,则 a 的平方根是 $\pm a^{\frac{p+1}{4}} \bmod p$。

证明　由 $p \equiv 3 \bmod 4$ 得 $p+1=4k$,即 $\frac{1}{4}(p+1)$ 是一个整数。因 a 是模 p 的二次剩余,故

$$\left(\frac{a}{p}\right) \equiv a^{\frac{p-1}{2}} \equiv 1 \bmod p$$

设 $x^2 \equiv a \bmod p$ 的根为 y,即 $y^2 \equiv a \bmod p$,则

$$(a^{\frac{p+1}{4}})^2 = (y^{\frac{p+1}{2}})^2 \equiv (y^2)^{\frac{p+1}{2}} \equiv a^{\frac{p+1}{2}} \equiv a^{\frac{p-1}{2}} \cdot a \equiv a \bmod p$$

所以 $a^{\frac{p+1}{4}}$ 和 $p-a^{\frac{p+1}{4}}$ 是方程 $x^2 \equiv a \bmod p$ 的两个根。　　　　证毕。

定理 5.4.2　设 $n=pq$,求解方程 $x^2 \equiv a \bmod n$ 与分解 n 是等价的。

证明　当已知 n 的分解 p 和 q,可分别得方程 $x^2 \equiv a \bmod p$ 和 $x^2 \equiv a \bmod q$,设两个方程的解分别是 $x \equiv \pm y \bmod p$,$x \equiv \pm z \bmod q$,由中国剩余定理可求得 $x \bmod n$,即为 $a \bmod n$ 的 4 个平方根。

反过来,已知 $a \bmod n$ 的两个不同的平方根($u \bmod n$ 和 $w \bmod n$,且 $u \equiv \pm w \bmod n$),就可分解 n。

事实上,由 $u^2 \equiv w^2 \bmod n$ 得 $(u+w)(u-w) \equiv 0 \bmod n$,但 n 不能整除 $u+w$,也不能整除 $u-w$,否则由 $n \mid (u+w)$ 或 $n \mid (u-w)$ 得 $u \equiv -w \bmod n$ 或 $u \equiv w \bmod n$。

由 $(u+w)(u-w) \equiv 0 \bmod n$ 得 $p \mid (u+w)(u-w)$ 及 $q \mid (u+w)(u-w)$,所以必有 $p \mid (u+w)$ 或 $p \mid (u-w)$ 及 $q \mid (u+w)$ 或 $q \mid (u-w)$。

当 $p \mid (u+w)$ 时,必有 $q \nmid (u+w)$,否则 $n=pq \mid (u+w)$,$u \equiv -w \bmod n$。所以当 $p \mid (u+w)$ 时,必有 $q \mid (u-w)$。同理,当 $p \mid (u-w)$ 时,必有 $q \mid (u+w)$。

当 $p \mid (u+w)$ 时,$(n,u+w)=p$,$(n,u-w)=q$。

当 $p \mid (u-w)$ 时,$(n,u-w)=p$,$(n,u+w)=q$。

因此得到了 n 的两个因子。　　　　证毕。

对于 RSA 密码体制来说,n 被分解成功,该体制便被破译,即破译 RSA 密码体制的难度不超过大整数的分解。但是,还不能证明破译 RSA 密码体制和分解大整数是等价的,虽然这一结论已成为普遍共识。

Rabin 密码体制是对 RSA 密码体制的一种修正,它有以下两个特点:

(1) 它不是以一一对应的单向陷门函数为基础的,对同一密文,可能有两个以上对应的明文。

(2) 破译该体制等价于对大整数的分解。

RSA 密码体制中选取的公开钥 e 满足 $1 < e < \varphi(n)$,且 $(e, \varphi(n))=1$。Rabin 密码体

制则取 $e=2$。

Rabin 密码体制包括密钥的产生、加密和解密 3 部分。

1. 密钥的产生

随机选择两个大素数 p、q，满足 $p \equiv q \equiv 3 \bmod 4$，即这两个素数形式为 $4k+3$；计算 $n=pq$。以 n 作为公开钥，以 p、q 作为秘密钥。

2. 加密

加密时计算

$$c \equiv m^2 \bmod n$$

其中，m 是明文分组，c 是对应的密文分组。

3. 解密

解密就是求 c 模 n 的平方根，即求解 $x^2 \equiv c \bmod n$。由定理 5.4.1 和定理 5.4.2 可得方程的 4 个解，即每一密文对应的明文不唯一。为了有效地确定明文，可在 m 中加入某些信息，如发送者的 ID、接收者的 ID、日期、时间等。

 习 题

1. 设 p 是奇素数。

(1) 证明：模 p 的所有二次剩余的乘积对模 p 的剩余是 $(-1)^{\frac{p+1}{2}}$。

(2) 证明：模 p 的所有二次非剩余的乘积对模 p 的剩余是 $(-1)^{\frac{p-1}{2}}$。

(3) 证明：当 $p=3$ 时模 p 的所有二次剩余之和对模 p 的剩余为 1，当 $p>3$ 时该剩余为 0。

(4) 所有二次剩余之和对模 p 的剩余是多少？

2. 求以下 Legendre 符号：

(1) $\left(\dfrac{13}{47}\right)$。

(2) $\left(\dfrac{91}{563}\right)$。

(3) $\left(\dfrac{-286}{647}\right)$。

3. (1) 求以 -3 为二次剩余的全体素数。

(2) 求以 ± 3 为二次剩余的全体素数。

(3) 求以 ± 3 为二次非剩余的全体素数。

(4) 求以 3 为二次剩余、以 -3 为二次非剩余的全体素数。

(5) 求以 3 为二次非剩余、以 -3 为二次剩余的全体素数。

(6) 求 $100^2 - 3$、$150^2 + 3$ 的素因数分解式。

4. 设 p 是素数，$p \equiv 3 \bmod 4$。证明：$2p+1$ 是素数的充要条件是 $2^p \equiv 1 \bmod (2p+1)$。

5. 设素数 $p \geqslant 3, p \nmid a$。证明：$\displaystyle\sum_{x=1}^{p}\left(\dfrac{ax+b}{p}\right)=0$。

6. 判断下列同余方程是否有解。

(1) $x^2 \equiv 7 \bmod 227$。

(2) $5x^2 \equiv -14 \bmod 6193$。

7. 设 a、b 是正整数，$2 \nmid b$。证明：对 Jacobi 符号有以下结论：

$$\left(\frac{a}{2a+b}\right) \equiv \begin{cases} \left(\dfrac{a}{b}\right), & a \equiv 0,1 \quad (\bmod 4) \\[3mm] -\left(\dfrac{a}{b}\right), & a \equiv 2,3 \quad (\bmod 4) \end{cases}$$

第6章 原根和指标

6.1 指数和原根

在模指数运算 $a^d \bmod m$（其中 $(a,m)=1$）中，如果知道周期 d_0，使得 $a^{d_0} \equiv 1 \bmod m$，就能够简化计算。由 Euler 定理知这样的 d_0 一定存在（$d_0 = \varphi(n)$），但这个周期不一定是最小周期。关于最小周期有以下定义。

定义 6.1.1 设 $m \in \mathbf{N}$，$(a,m)=1$，使得 $a^d \equiv 1 \bmod m$ 成立的最小正整数 d 称为 a 对模 m 的指数（或阶），记为 $\delta_m(a)$。若 $\delta_m(a) = \varphi(m)$，称 a 是模 m 的原根。

例 6.1.1 $m=7$，$\varphi(7)=6$。模 7 的绝对最小简化剩余系中元素的指数（简称模 7 的指数）如表 6.1.1 所示。

表 6.1.1 模 7 的指数

a	-3	-2	-1	1	2	3
$\delta_7(a)$	3	6	2	1	3	6

可见 -2、3 是原根。

例 6.1.2 $m=10=2 \cdot 5$，$\varphi(10)=4$。模 10 的指数如表 6.1.2 所示。

表 6.1.2 模 10 的指数

a	-3	-1	1	3
$\delta_{10}(a)$	4	2	1	4

可见 ± 3 是原根。

例 6.1.3 $m=9=3^2$，$\varphi(9)=6$。模 9 的指数如表 6.1.3 所示。

表 6.1.3 模 9 的指数

a	-4	-2	-1	1	2	4
$\delta_9(a)$	6	3	2	1	6	3

可见 -4、2 是原根。

例 6.1.4 $m=8=2^3$，$\varphi(8)=4$。模 8 的指数如表 6.1.4 所示。

表 6.1.4　模 8 的指数

a	-3	-1	1	3
$\delta_8(a)$	2	2	1	2

可见无原根。

指数有以下性质：

定理 6.1.1　设 $m\in\mathbf{N},(a,m)=1$，若 $a^d\equiv1\bmod m$，则 $\delta_m(a)\mid d$。

证明　由带余数除法知，存在唯一的 q、r，使得 $d=q\delta_m(a)+r$，其中 $0\leqslant r<\delta_m(a)$，$a^d\equiv(a^{\delta_m(a)})^q a^r\bmod m\equiv a^r\bmod m\equiv1\bmod m$，由 $\delta_m(a)$ 的最小性知 $r=0$。　　　　证毕。

由 Euler 定理及定理 6.1.1 可得以下推论。

推论　设 $m\in\mathbf{N},(a,m)=1$，则 $\delta_m(a)\mid\varphi(m)$。

由该推论知，在求 $\delta_m(a)$ 时，只需要在 $\varphi(m)$ 的因子中找即可。

例 6.1.5　求 $\delta_{17}(5)$。

解　$\varphi(17)=16$，所以 $\delta_{17}(5)$ 只需在 16 的因子 1,2,4,8,16 中求。

$$5^1\equiv5\bmod17,\quad 5^2\equiv25\bmod17\equiv8\bmod17,$$
$$5^4\equiv64\bmod17\equiv13\bmod17\equiv-4\bmod17,$$
$$5^8\equiv16\bmod17\equiv-1\bmod17,\quad 5^{16}\equiv1\bmod17$$

所以 $\delta_{17}(5)=16$。

定理 6.1.2　设 $m\in\mathbf{N},(a,m)=1$。

(1) 若 $a\equiv b\bmod m$，则 $\delta_m(a)=\delta_m(b)$。

(2) 若 $a^k\equiv a^l\bmod m$，则 $k\equiv l\bmod\delta_m(a)$。

(3) $a^0=1,a^1,a^2,\cdots,a^{\delta_m(a)-1}$ 两两不同余；特别地，当 a 是模 m 的原根时，构成了模 m 的一个简化剩余系。

(4) 设 a^{-1} 是 a 的逆，即 $a^{-1}a\equiv1\bmod m$，则 $\delta_m(a^{-1})=\delta_m(a)$。

证明

(1) $a\equiv b\bmod m,(b,m)=(a,m)=1$。$b^{\delta_m(a)}\equiv a^{\delta_m(a)}\equiv1\bmod m$，由定理 6.1.1，$\delta_m(b)\mid\delta_m(a)$。同理，$\delta_m(a)\mid\delta_m(b)$，所以 $\delta_m(a)=\delta_m(b)$。

(2) 不妨设 $k\geqslant l$，由 $a^k\equiv a^l\bmod m$ 得 $a^{k-l}\equiv1\bmod m$。由定理 6.1.1，$\delta_m(a)\mid k-l$，即 $k\equiv l\bmod\delta_m(a)$。

(3) 若 $a^k\equiv a^l\bmod m$，其中 $0\leqslant k,l\leqslant\delta_m(a)-1$，由 (2) 得 $k\equiv l\bmod\delta_m(a)$，所以 $k=l$。当 a 是模 m 的原根时，$\delta_m(a)=\varphi(m)$，$a^0=1,a^1,a^2,\cdots,a^{\delta_m(a)-1}$ 有 $\varphi(m)$ 个两两不同余的元素，因此构成了模 m 的一个简化剩余系。

(4) 由 $a^{-1}a\equiv1\bmod m$，有

$$(a^{-1}a)^{\delta_m(a)}=(a^{-1})^{\delta_m(a)}a^{\delta_m(a)}=(a^{-1})^{\delta_m(a)}\equiv1\bmod m$$

所以 $\delta_m(a^{-1})\mid\delta_m(a)$。

同理，$\delta_m(a)\mid\delta_m(a^{-1})$，所以 $\delta_m(a^{-1})=\delta_m(a)$。　　　　证毕。

例 6.1.6　2009 年 2 月 4 日是星期一。以该天为第一天，第 2^{2018} 天是星期几？

解　因为 $(2,7)=1,\delta_7(2)=3,2018\equiv2\bmod\delta_7(2)$，所以 $2^{2018}\equiv2^2\bmod7\equiv4\bmod7$，

即第 2^{2018} 天是星期五。

定理 6.1.3 设 $(a,m)=1$，k 是非负整数，则 $\delta_m(a^k)=\dfrac{\delta_m(a)}{(k,\delta_m(a))}$。

证明 设 $\delta_m(a^k)=\delta'$，则

$$(a^k)^{\delta'}\equiv 1 \bmod m \Leftrightarrow a^{k\delta'}\equiv 1 \bmod m \Leftrightarrow \delta_m(a)\mid k\delta'$$

$$\Leftrightarrow \frac{\delta_m(a)}{(k,\delta_m(a))}\mid \frac{k}{(k,\delta_m(a))}\delta' \Leftrightarrow \frac{\delta_m(a)}{(k,\delta_m(a))}\mid \delta'$$

其中，最后一个等价关系由下式可得：

$$\left(\frac{\delta_m(a)}{(k,\delta_m(a))},\frac{k}{(k,\delta_m(a))}\right)=1$$

所以最小的 δ' 为 $\dfrac{\delta_m(a)}{(k,\delta_m(a))}$。   证毕。

推论 1 设 k 是非负整数，g 是模 m 的原根，则 g^k 也是模 m 的原根的充要条件是 $(k,\varphi(m))=1$。

证明

$$\delta_m(g^k)=\frac{\delta_m(g)}{(k,\delta_m(g))}=\frac{\varphi(m)}{(k,\varphi(m))}$$

所以 $\delta_m(g^k)=\varphi(m)$ 当且仅当 $(k,\varphi(m))=1$。   证毕。

推论 2 在 $1,a,a^2,\cdots,a^{\delta_m(a)-1}$ 中共有 $\varphi(\delta_m(a))$ 个数模 m 的指数为 $\delta_m(a)$。特别地，如果 a 是原根，简化剩余系 $1,a,a^2,\cdots,a^{\varphi(m)-1}$ 中有 $\varphi(\varphi(m))$ 个原根。

证明 由定理 6.1.3，有

$$\delta_m(a^k)=\frac{\delta_m(a)}{(k,\delta_m(a))}=\delta_m(a)$$

所以 $(k,\delta_m(a))=1$，这样的 k 有 $\varphi(\delta_m(a))$ 个。

如果 a 是原根，即 $\delta_m(a)=\varphi(m)$，由定理 6.1.2 的 (3)，$1,a,a^2,\cdots,a^{\varphi(m)-1}$ 是模 m 的简化剩余系，其中指数为 $\varphi(m)$ 的元素有 $\varphi(\varphi(m))$ 个。   证毕。

例 6.1.7 设 $m=11$，则 $\varphi(11)=10$，它的所有因子为 $1,2,5,10$。由

$$2^1\equiv 2 \bmod 11,\quad 2^2\equiv 4 \bmod 11,\quad 2^5\equiv 10 \bmod 11,\quad 2^{10}\equiv 1 \bmod 11$$

知 $g=2$ 是模 11 的一个原根，模 11 的简化剩余系中的每一个元素 a 都可以写成 2 的幂。设 $a=2^k$，则

$$\delta_{11}(a)=\frac{\delta_{11}(2)}{(k,\delta_{11}(2))}=\frac{10}{(k,10)}$$

由定理 6.1.1 的推论知 $\delta_{11}(a)$ 是 $\varphi(11)=10$ 的因子。

若 $\delta_{11}(a)=1$，则 $(k,10)=10$，$k=10$，即指数为 1 的元素有 1 个：$2^{10}\equiv 1 \bmod 11$。

若 $\delta_{11}(a)=2$，则 $(k,10)=5$，$k=5$，即指数为 2 的元素有 1 个：$2^5\equiv 10 \bmod 11\equiv -1 \bmod 11$。

若 $\delta_{11}(a)=5$，则 $(k,10)=2$，$k=2,4,6,8$，即指数为 5 的元素有 4 个：$2^2\equiv 4 \bmod 11$，$2^4\equiv 5 \bmod 11,2^6\equiv 9 \bmod 11\equiv -2 \bmod 11,2^8\equiv 3 \bmod 11$。

若 $\delta_{11}(a)=10$，则 $(k,10)=1$，$k=1,3,7,9$，即指数为 10 的元素有 4 个：$2^1\equiv 2 \bmod 11,2^3\equiv 8 \bmod 11\equiv -3 \bmod 11,2^7\equiv 7 \bmod 11\equiv -4 \bmod 11,2^9\equiv -5 \bmod 11$。

定理 6.1.4　设 $\delta_m(a)=s,\delta_m(b)=t,\delta_m(ab)=st$ 的充要条件是 $(s,t)=1$。

证明

充分性：设 $\delta=\delta_m(ab),1=(ab)^\delta\equiv(ab)^{\delta t}=a^{\delta t}b^{\delta t}=a^{\delta t}$，所以 $s\mid\delta t$，但 $(s,t)=1$，所以 $s\mid\delta$。同理，$t\mid\delta$，所以 $st=[s,t]\mid\delta$。又 $(ab)^{st}=a^{st}b^{st}=1$，所以 $\delta\mid st$，所以 $\delta=st$。

必要性：$(ab)^{[s,t]}=a^{[s,t]}b^{[s,t]}=1$，所以 $\delta_m(ab)=st\mid[s,t]$，由定理 1.2.14 的 (5)，有 $(s,t)[s,t]=st,[s,t]\mid st$，所以 $[s,t]=st,(s,t)=1$。　　　　　证毕。

原根的重要性在于可将模 m 的简化剩余系中的每个元素用原根的幂来表示，使得很多问题方便处理。然而并非每个 m 都有原根，满足什么条件的 m 有原根，原根如何求，是下面要讨论的问题。

定理 6.1.5　设 $m=2^\alpha p_1^{a_1}p_2^{a_2}\cdots p_s^{a_s}$，其中 $\alpha\geqslant0,a_i\geqslant1(1\leqslant i\leqslant s),p_1,p_2,\cdots,p_s$ 是互不相同的奇素数。

(1) 当 $\alpha\geqslant2$ 且 $m\neq4$ 时，模 m 没有原根。

(2) 当 $s\geqslant2$ 时，模 m 没有原根。

证明

(1) 当 $\alpha=2$ 且 $m\neq4$ 时，则 $m=4n$，其中 $n>1$ 为奇数。由 $(-1,n)=1$ 及 Euler 定理，有 $(-1)^{\varphi(n)}\equiv1\bmod n$，所以 $\varphi(n)$ 为偶数。设 $\varphi(n)=2k,k\in\mathbf{N}$，则当 $(g,m)=1$ 时，有 $(g,4)=1$ 且 $(g,n)=1$。所以

$$g^{\varphi(4)}\equiv g^2\bmod4\equiv1\bmod4,\quad g^{\varphi(n)}\equiv g^{2k}\bmod n\equiv1\bmod n$$

由 $g^2\equiv1\bmod4$ 得 $g^{2k}\equiv1\bmod4$。再由定理 3.1.9，有

$$g^{2k}\equiv1\bmod(4n)\equiv1\bmod m$$

但是，因为

$$\varphi(m)=\varphi(4)\varphi(n)=2(2k)=4k>2k$$

所以 g 不是原根，从而没有模 m 的原根。

当 $\alpha\geqslant3$ 时，令 $m=2^\alpha n$，其中 n 为奇数。当 $(g,n)=1$ 时，由归纳法可证 $g^{2^{\alpha-2}}\equiv1\bmod2^\alpha$。所以

$$g^{2^{\alpha-2}\varphi(n)}\equiv(g^{2^{\alpha-2}})^{\varphi(n)}\bmod2^\alpha\equiv1\bmod2^\alpha$$

又

$$g^{2^{\alpha-2}\varphi(n)}\equiv(g^{\varphi(n)})^{2^{\alpha-2}}\bmod n\equiv1\bmod n$$

由定理 3.1.9，有

$$g^{2^{\alpha-2}\varphi(n)}\equiv1\bmod(2^\alpha n)\equiv1\bmod m$$

但

$$\varphi(m)=\varphi(2^\alpha)\varphi(n)=(2^\alpha-2^{\alpha-1})\varphi(n)=2^{\alpha-1}\varphi(n)>2^{\alpha-2}\varphi(n)$$

所以 g 不是模 m 的原根，从而没有模 m 的原根。

(2) 若 $s\geqslant2$，可将 m 分解为 $m=m_1m_2$，其中 m_1、m_2 均含奇素因子且 $(m_1,m_2)=1$。由于 $\varphi(m_1)$、$\varphi(m_2)$ 均为偶数，可设 $\varphi(m_1)=2k_1,\varphi(m_2)=2k_2$，则当 $(g,m)=1$ 时，有

$$g^{2k_1}\equiv1\bmod m_1,\quad g^{2k_2}\equiv1\bmod m_2$$

从而有

$$g^{2k_1k_2}\equiv1\bmod m_1,\quad g^{2k_1k_2}\equiv1\bmod m_2$$

由定理 3.1.9，有

$$g^{2k_1 k_2} \equiv 1 \bmod (m_1 m_2) \equiv 1 \bmod m$$

但

$$\varphi(m) = \varphi(m_1)\varphi(m_2) = 4k_1 k_2 > 2k_1 k_2$$

所以 g 不是原根,从而没有模 m 的原根。 证毕。

推论 模 m 存在原根的必要条件是 $m = 1, 2, 4, p^\alpha, 2p^\alpha$,其中 $\alpha \geqslant 1$ 是整数,p 是奇素数。

反过来考虑满足推论的 m 是否一定存在原根,$m = 1, 2, 4$ 分别有原根 $1, 1, -1$。下面讨论 $m = p^\alpha$ 或 $2p^\alpha$ 时是否有原根。

定理 6.1.6 每个素数 p 均存在模 p 的原根。

证明 对模 p 的最小非负简化剩余系 $1, 2, \cdots, p-1$,按 $\varphi(p) = p-1$ 的因子 d 分类,将指数为 d 的元素集合记为 N_d,于是

$$\sum_{d \mid p-1} |N_d| = p-1$$

设 $g \in N_d$,则 g 满足以下同余方程:

$$x^d - 1 \equiv 0 \bmod p \tag{6.1.1}$$

即 g 的指数为 d。

由于

$$x^d - 1 \mid x^p - x = x(x^{p-1} - 1)$$

由定理 4.4.5,式 (6.1.1) 有 d 个解。

由定理 6.1.3 的推论 2 知,在 $1, g, g^2, \cdots, g^{d-1}$ 中有 $\varphi(d) = d-1$ 个数指数均为 d,所以 $g, g^2, \cdots, g^{d-1}$ 指数都为 d。即 $\{g, g^2, \cdots, g^{d-1}\} \subseteq N_d$,$|N_d| \geqslant d-1 = \varphi(d)$。

又由定理 2.4.2,有

$$\sum_{d \mid p-1} \varphi(d) = p-1$$

所以

$$\sum_{d \mid p-1} (|N_d| - \varphi(d)) = \sum_{d \mid p-1} |N_d| - \sum_{d \mid p-1} \varphi(d) = 0$$

因此对每个 $d \mid p-1$,有 $|N_d| - \varphi(d) = 0$,所以 $|N_{p-1}| = \varphi(p-1)$。 证毕。

下面讨论 p^α 是否有原根,其中 p 为奇素数,$\alpha \geqslant 2$。为此需要以下两个引理。

引理 6.1.1 设 p 为奇素数,若 $u \in \mathbf{Z}$ 满足 $u^{p-1} = 1 + t_1 p$,其中 $t_1 \not\equiv 0 \bmod p$,则

$$u^{\varphi(p^\alpha)} = 1 + t_\alpha p^\alpha$$

其中 $t_\alpha \not\equiv 0 \bmod p$ 且 $u^{\varphi(p^\alpha)} \not\equiv 1 \bmod p^{\alpha+1}$。

证明 对 α 用归纳法。

当 $\alpha = 1$ 时,即为 u 满足的条件。

设 $\alpha = n$ 时,有 $u^{\varphi(p^n)} = 1 + t_n p^n$,其中 $t_n \not\equiv 0 \bmod p$。

当 $\alpha = n+1$ 时,由

$$\varphi(p^{n+1}) = p^{n+1} - p^n = p(p^n - p^{n-1}) = p\varphi(p^n)$$

得

$$u^{\varphi(p^{n+1})} = (u^{\varphi(p^n)})^p = (1 + t_n p^n)^p = 1 + C_p^1 (t_n p^n) + \sum_{k=2}^{p-1} C_p^k (t_n p^n)^k + (t_n p^n)^p$$

$$=1+t_{n+1}p^{n+1}$$

其中

$$t_{n+1}=t_n+p\left(\sum_{k=2}^{p-1}\frac{C_p^k}{p}t_n^k p^{(k-1)n-1}+t_n^p p^{(p-1)n-2}\right)$$

由于

$$(k-1)n-1\geqslant 0,\quad (p-1)n-2\geqslant 0,\quad p\mid C_p^k$$

所以括号内是整数,$t_{n+1}\equiv t_n\not\equiv 0\bmod p$。若

$$u^{\varphi(p^\alpha)}\equiv 1\bmod p^{\alpha+1}$$

即存在整数 t,使得

$$u^{\varphi(p^\alpha)}=1+tp^{\alpha+1}$$

即 $1+t_\alpha p^\alpha=1+tp^{\alpha+1}$,得 $t_\alpha=tp\equiv 0\bmod p$,与 $t_\alpha\not\equiv 0\bmod p$ 矛盾。所以

$$u^{\varphi(p^\alpha)}\not\equiv 1\bmod p^{\alpha+1}$$

证毕。

引理 6.1.2　设 g_0 是模 p 的一个原根,对任意的 $t\in\mathbf{Z}(t\neq 0)$,$\alpha\in\mathbf{N}$,g_0+tp 模 p^α 的指数 δ 满足以下两个条件:

(1) $\delta\mid\varphi(p^\alpha)$。

(2) $(p-1)\mid\delta$。

证明

(1) g_0 是模 p 的一个原根,所以 $(g_0,p)=1$,从而对任意的 $t\in\mathbf{Z}(t\neq 0$,否则 $g_0+tp=g_0)$,有

$$(g_0+tp,p)=(g_0,p)=1,\quad (g_0+tp,p^\alpha)=1$$

所以 g_0+tp 在模 p^α 的简化剩余系中。

设 h 是模 p^α 的一个原根。模 p^α 的一个简化剩余系为

$$h^0\equiv 1,h,h^2,\cdots,h^{\varphi(p^\alpha)-1}$$

设 $g_0+tp=h^i$,其中 $0\leqslant i\leqslant\varphi(p^\alpha)-1$,则

$$\delta=\delta_{p^\alpha}(h^i)=\frac{\delta_{p^\alpha}(h)}{(i,\delta_{p^\alpha}(h))}=\frac{\varphi(p^\alpha)}{(i,\varphi(p^\alpha))}$$

所以 $\delta\mid\varphi(p^\alpha)$。

(2) $(g_0+tp)^\delta\equiv 1\bmod p^\alpha$,将左边按二项式展开,得 $g_0^\delta\equiv 1\bmod p$,所以 $\varphi(p)=p-1\mid\delta$。

证毕。

由引理 6.1.2 知,δ 是形如 $\varphi(p^m)(1\leqslant m\leqslant\alpha)$ 的数。同时,要求 p^α 的原根,需要在形如 g_0+tp 的数中找指数为 $\varphi(p^\alpha)$ 的数。

定理 6.1.7　设素数 $p>2$,正整数 $\alpha\geqslant 2$,则模 p^α 必有原根。

证明　由定理 6.1.6 知,模 p 的原根一定存在,设 g_0 为其中一个。由引理 6.1.1、引理 6.1.2 知,模 p^α 的原根应该在 g_0+tp 的数中找,即求出其中的 t。首先,找 $t_0\in\mathbf{Z}(t_0\neq 0)$,满足

$$(g_0+t_0p)^{p-1}=1+t_1p \tag{6.1.2}$$

其中 $t_1\not\equiv 0\bmod p$。由 $g_0^{\varphi(p)}\equiv 1\bmod p$,可设 $g_0^{p-1}=1+lp$,其中 $l\in\mathbf{Z}$。对任意的 $t\in\mathbf{Z}$,将 $(g_0+tp)^{p-1}$ 按二项式展开,展开式中从第 3 项起都有 p^2 项,得

$$(g_0+tp)^{p-1}=g_0^{p-1}+C_{p-1}^1g_0^{p-2}tp+kp^2$$
$$=1+p(l+(p-1)g_0^{p-2}t)+kp^2 \tag{6.1.3}$$

其中 $k\in\mathbf{Z}$。由于 $(p,p-1)=1$，$(p,g_0^{p-2})=1$（g_0^{p-2} 在模 p 的一个简化剩余系中），所以 $(p,(p-1)g_0^{p-2})=1$。由 $l+(p-1)g_0^{p-2}t\equiv0\bmod p$ 得到的关于 t 的一次同余方程

$$(p-1)g_0^{p-2}t\equiv-l\bmod p \tag{6.1.4}$$

有唯一解。

任取 $t_0\in\mathbf{Z}$，使得式(6.1.4)不成立，此时式(6.1.3)变为

$$(g_0+t_0p)^{p-1}=1+t_1p$$

其中，

$$t_1=l+(p-1)g_0^{p-2}t_0\not\equiv0\bmod p$$

由引理 6.1.2，g_0+tp 的指数是形如 $\varphi(p^m)(1\leqslant m\leqslant\alpha)$ 的数。由引理 6.1.1，当 $1\leqslant m<\alpha$ 时，

$$(g_0+t_0p)^{\varphi(p^m)}\not\equiv1\bmod p^{m+1}$$

从而

$$(g_0+t_0p)^{\varphi(p^m)}\not\equiv1\bmod p^\alpha$$

但是，当 $m=\alpha$ 时，

$$(g_0+t_0p)^{\varphi(p^\alpha)}\equiv1\bmod p^\alpha$$

所以 g_0+t_0p 就是模 p^α 的一个原根。   证毕。

例 6.1.8 求模 11^4 的一个原根。

解 $g_0=2$ 是模 11 的一个原根，由 $g_0^{p-1}=1+lp$ 得 $2^{10}=1+11l$，得 $l=93$。方程 (6.1.4)变为 $10\cdot2^9t\equiv-93\bmod11$，任取 $t_0=1$ 使得方程不成立，则 $g_0+t_0p=2+1\times11=13$ 就是 11^4 的一个原根。

下面讨论 $2p^\alpha(\alpha\geqslant1)$ 的原根。

定理 6.1.8 设素数 $p>2$，g_0 是模 $p^\alpha(\alpha\in\mathbf{N})$ 的原根，则 g_0 和 g_0+p^α 中必有一个为奇数，这个奇数就是模 $2p^\alpha$ 的一个原根。

证明 由于 p^α 为奇数，若 g_0 为奇数，则 g_0+p^α 为偶数；若 g_0 为偶数，则 g_0+p^α 为奇数。即 g_0 和 g_0+p^α 中必有一个且仅有一个为奇数，记这个奇数为 g。

$$(g,p^\alpha)=(g_0,p^\alpha)=1,\quad(g,2)=1$$

所以 $(g,2p^\alpha)=1$，g 是模 $2p^\alpha$ 简化剩余系中的元素。

因为 $1,g_0,g_0^2,\cdots,g_0^{\varphi(p^\alpha)-1}$ 是模 p^α 的一个简化剩余系，$g\equiv g_0\bmod p^\alpha$，所以

$$1,g,g^2,\cdots,g^{\varphi(p^\alpha)-1} \tag{6.1.5}$$

也是模 p^α 的一个简化剩余系。式(6.1.5)中的元素模 p^α 两两不同余，模 $2p^\alpha$ 也两两不同余，因此它们是模 $2p^\alpha$ 的某个简化剩余系中的元素，由此得 $\varphi(p^\alpha)\leqslant\delta_{2p^\alpha}(g)$。

另一方面，因为

$$\delta_{2p^\alpha}(g)\leqslant\varphi(2p^\alpha)=\varphi(2)\varphi(p^\alpha)=\varphi(p^\alpha)$$

所以

$$\delta_{2p^\alpha}(g) = \varphi(p^\alpha) = \varphi(2p^\alpha)$$

即 g 是模 $2p^\alpha$ 的原根。 证毕。

例 6.1.9 设 $p=3$，求 $2p$ 及 $2p^2$ 的原根。

解 $g_0=2$ 是模 3 的原根。$\alpha=1$ 时，$g=g_0+p=5$ 为奇数，这个奇数就是模 $2p=6$ 的原根。$\alpha=2$ 时，$g=g_0+p^2=11$ 为奇数，这个奇数就是模 $2p^2=18$ 的原根。

将原根的结论总结一下，得以下定理。

定理 6.1.9 模 m 存在原根的充要条件是 $m=1,2,4,p^\alpha,2p^\alpha$。其中，$\alpha\geqslant1$，是整数，$p$ 是奇素数。

由定理 6.1.8 可见，求模 $2p^\alpha$ 的原根需归结为求 p^α 的原根。由定理 6.1.7 可见，求 p^α 的原根需归结为求模 p 的原根。而在求模 p 的原根时，只能在模 p 的简化剩余系中对每个元素进行验证。

例 6.1.10 设 $p=43$，求模 p，p^α 及 $2p^\alpha(\alpha\geqslant1)$ 的原根。

解 在模 43 的简化剩余系 $\pm1,\pm2,\cdots,\pm21$ 中逐一验证 $\delta_{43}(1)=1,\delta_{43}(2)=14$，而

$$3^2\equiv9\bmod43,\quad 3^3\equiv-16\bmod43,\quad 3^6\equiv-2\bmod43,$$
$$3^{14}\equiv-7\bmod43,\quad 3^{21}\equiv-1\bmod43,\quad 3^{42}\equiv1\bmod43$$

即 $\delta_{43}(3)=42,g_0=3$ 是模 43 的一个原根。根据定理 6.1.7，由 $g_0^{p-1}=3^{42}=1+43l$ 得 $l=2$。同余方程 (6.1.4) 变为 $42\cdot3^{43-2}t\equiv-2\bmod43$，取 $t_0=1$，使得上述同余方程不成立，$g_0+t_0p=3+1\cdot43=46$ 就是 p^α 的一个原根。

又因为 46 是偶数，$46+43^\alpha$ 必为奇数，就是 $2p^\alpha$ 的原根。

6.2 指标与二项同余方程

当模 m 有原根 g 时，模 m 的简化剩余系可表示为 $g^0=1,g^1,g^2,\cdots,g^{\varphi(m)-1}$。对任意的 $a\in\mathbf{Z}$，当 $(a,m)=1$ 时，必可唯一地表示为

$$a\equiv g^k\bmod m\quad(0\leqslant k<\varphi(m))$$

从而当模 m 有原根 g 时，通过 g，模 m 的简化剩余系与模 $\varphi(m)$ 的完全剩余系之间就建立了一一对应的关系。

定义 6.2.1 设模 m 有原根 g，$(a,m)=1$，如果存在整数 $k(0\leqslant k<\varphi(m))$，使得 $a\equiv g^k\bmod m$，则称 k 为 a 对模 m 以 g 为底的指标，记作 $k=\mathrm{ind}_g a$，简记为 $\mathrm{ind}\,a$。

例 6.2.1 模 $m=11,g=2$ 是模 11 的一个原根，则 $2^0,2^1,2^2,\cdots,2^{10-1}$ 是模 11 的一个简化剩余系。由

$$2^0\equiv1\bmod11,\quad 2^1\equiv2\bmod11,\quad 2^2\equiv4\bmod11,\quad 2^3\equiv-3\bmod11,$$
$$2^4\equiv5\bmod11,\quad 2^5\equiv10\bmod11\equiv-1\bmod11,\quad 2^6\equiv9\bmod11\equiv-2\bmod11,$$
$$2^7\equiv7\bmod11\equiv-4\bmod11,\quad 2^8\equiv3\bmod11,\quad 2^9\equiv6\bmod11\equiv-5\bmod11$$

可得模 11 的简化剩余系中每个元素对应的指标，如表 6.2.1 所示。

表 6.2.1　模 11 以 2 为底的指标表

a	-5	-4	-3	-2	-1	1	2	3	4	5
$\mathrm{ind}_2 a$	9	7	3	6	5	0	1	8	2	4

指标有以下性质。

定理 6.2.1　设 g 是模 m 的原根，$(a,m)=(b,m)=1$，则

(1) $g^{\mathrm{ind}_g a}\equiv a\bmod m$。

(2) $g^h\equiv g^k\bmod m\Leftrightarrow h\equiv k\bmod\varphi(m)$。

(3) $\mathrm{ind}_g(ab)\equiv(\mathrm{ind}_g a+\mathrm{ind}_g b)\bmod\varphi(m)$。

(4) 任意 $n\in\mathbf{N}$，$\mathrm{ind}_g a^n\equiv(n\cdot\mathrm{ind}_g a)\bmod\varphi(m)$。

证明

(1) 由定义直接得。

(2) 因为 $\delta_m(g)=\varphi(m)$，由定理 6.1.2 即得。

(3) 由(1)可得
$$a\equiv g^{\mathrm{ind}_g a}\bmod m,\quad b\equiv g^{\mathrm{ind}_g b}\bmod m,\quad ab\equiv g^{\mathrm{ind}_g a+\mathrm{ind}_g b}\bmod m$$
又 $ab=g^{\mathrm{ind}_g(ab)}\bmod m$，由(2)可得
$$\mathrm{ind}_g(ab)=(\mathrm{ind}_g a+\mathrm{ind}_g b)\bmod\varphi(m)$$

(4) 由(3)即得。　　　　　　证毕。

由定理 6.2.1 可见，$\mathrm{ind}_g a$ 的性质与对数类似。

已知 m、g 时，计算模指数运算 $g^k\bmod m$ 比较容易。但反过来，已知 $a\equiv g^k\bmod m$ 时，计算 $k=\mathrm{ind}_g a$ 则非常困难，称之为离散对数问题，是密码方案常用的数学困难问题之一。

定理 6.2.2　设 g_1、g_2 是模 m 的两个不同的原根，$(a,m)=1$，则
$$\mathrm{ind}_{g_2} a=(\mathrm{ind}_{g_2} g_1\ \mathrm{ind}_{g_1} a)\bmod\varphi(m)$$

证明　由定理 6.2.1 的(1)知
$$a\equiv g_1^{\mathrm{ind}_{g_1} a}\bmod m,\quad g_1\equiv g_2^{\mathrm{ind}_{g_2} g_1}\bmod m$$
所以
$$a\equiv(g_2^{\mathrm{ind}_{g_2} g_1})^{\mathrm{ind}_{g_1} a}\bmod m\equiv g_2^{\mathrm{ind}_{g_2} g_1\mathrm{ind}_{g_1} a}\bmod m$$
又
$$a\equiv g_2^{\mathrm{ind}_{g_2} a}\bmod m$$
所以
$$g_2^{\mathrm{ind}_{g_2} a}\equiv g_2^{\mathrm{ind}_{g_2} g_1\mathrm{ind}_{g_1} a}\bmod m$$
由定理 6.2.1 的(2)，可得
$$\mathrm{ind}_{g_2} a\equiv(\mathrm{ind}_{g_2} g_1\ \mathrm{ind}\ g_1 a)\bmod\varphi(m)$$
　　　　　　证毕。

定理 6.2.2 刻画了 a 对模 m 的不同原根的指标之间的关系，相当于对数的换底公式。

下面是指标和指数的关系。

定理 6.2.3　设 g 是模 m 的原根，$(a,m)=1$，则

$$\delta_m(a)=\frac{\varphi(m)}{(\mathrm{ind}_g a,\varphi(m))}$$

证明　设 $a\equiv g^k \bmod m$，则

$$\delta_m(a)=\delta_m(g^k)=\frac{\delta_m(g)}{(k,\delta_m(g))}=\frac{\varphi(m)}{(\mathrm{ind}_g a,\varphi(m))}$$

证毕。

下面讨论二项同余方程 $x^n\equiv a \bmod m$。

定义 6.2.2　设 $m\geqslant 2$，$(a,m)=1$，$n\geqslant 2$。如果二项同余方程

$$x^n \equiv a \bmod m \tag{6.2.1}$$

有解，就称 a 是模 m 的 n 次剩余，否则称为模 m 的 n 次非剩余。

定理 6.2.4　设 $m\geqslant 2$，模 m 有原根 g，$(a,m)=1$，则二项同余方程 $x^n\equiv a \bmod m$ 有解的充要条件是 $(n,\varphi(m))\mid\mathrm{ind}_g a$。此外，有解时，有 $(n,\varphi(m))$ 个解。

证明

$$x^n\equiv a \bmod m \Leftrightarrow g^{\mathrm{ind}_g x^n}\equiv g^{\mathrm{ind}_g a}\bmod m \Leftrightarrow g^{n\,\mathrm{ind}_g x}\equiv g^{\mathrm{ind}_g a}\bmod m$$

$$\Leftrightarrow n\,\mathrm{ind}_g x\equiv \mathrm{ind}_g a \bmod \varphi(m)$$

其中，第 1 步由定理 6.2.1 的(1)得，第 2 步由定理 6.2.1 的(4)得，第 3 步由定理 6.2.1 的(2)得。

设 $y=\mathrm{ind}_g x$，因此求二项同余方程 $x^n\equiv a \bmod m$ 等价于求一次同余方程 $ny\equiv\mathrm{ind}_g a \bmod \varphi(m)$，由定理 4.2.1，该方程有解的充要条件是 $(n,\varphi(m))\mid\mathrm{ind}_g a$，而且它的解数为 $(n,\varphi(m))$。求出 y 后，可得 $x\equiv g^y \bmod m$。证毕。

例 6.2.2　求解同余方程 $x^8\equiv 5 \bmod 11$。

解　已知 $g=2$ 是模 11 的一个原根，由表 6.2.1 知 $\mathrm{ind}_2 5=4$，所以方程等价于 $8y\equiv 4 \bmod 10$。$(8,10)=2\mid 4$，所以有两个解，$y\equiv 3,8(\bmod 10)$。再由表 6.2.1 知指标 3、8 对应的元素为 $\pm 3 \bmod 11$，即为原方程的解。

例 6.2.3　求解同余方程 $6\cdot 8^x\equiv 9 \bmod 13$。

解　容易验证 2 是模 13 的一个原根，构造如表 6.2.2 所示的指标表。

表 6.2.2　模 13 以 2 为底的指标表

a	-6	-5	-4	-3	-2	-1	1	2	3	4	5	6
$\mathrm{ind}_2 a$	11	3	8	10	7	6	0	1	4	2	9	5

同余方程等价于 $\mathrm{ind}_2 6+x\,\mathrm{ind}_2 8\equiv\mathrm{ind}_2 9 \bmod 12$，即

$$5+3x\equiv 8 \bmod 12,\quad 3x\equiv 3 \bmod 12,\quad x\equiv 1 \bmod 4$$

所以，方程的解为 $1,5,9(\bmod 12)$。

习　题

1. 设 p 为素数，$\delta_p(a)=3$，证明：

(1) $\sum\limits_{k=0}^{3} a^k \equiv 1 \bmod p$。

(2) $\delta_p(1+a)=6$。

2. 设 $(a,2)=1$，$l\geqslant 3$，用数学归纳法证明 $a^{2^{l-2}}\equiv 1 \bmod 2^l$。

3. 设 n 为正整数，$(a,n)=(b,n)=1$，证明：

(1) $\delta_n(ab)=\delta_n(a)\delta_n(b)\Leftrightarrow(\delta_n(a),\delta_n(b))=1$。

(2) 存在 c，使得 $\delta_n(c)=[\delta_n(a),\delta_n(b)]$。

4. 设 p 为奇素数，g 为模 p 的原根。

(1) 证明：$g^2,g^4,\cdots,g^{p-1}$ 为模 p 的二次剩余；$g,g^3,\cdots,g^{p-2}$ 为模 p 的二次非剩余。

(2) 利用(1)证明 $g^{\frac{p-1}{2}}\equiv -1 \bmod p$。

5. 设 p 为奇素数，a、b 为模 p 的两个原根。证明：$\delta_p(ab)<\varphi(p)$。

6. 设 p 为素数，

(1) 若 $p\equiv 1 \bmod 4$，g 为模 p 的原根，证明：$-g$ 也是模 p 的原根。

(2) 若 $p\equiv 3 \bmod 4$，证明：g 为模 p 的原根 $\Leftrightarrow\delta_p(-g)=\dfrac{p-1}{2}$。

7. (1) 求模 23 的一个原根，并由原根构造模 23 的指数表。

(2) 求解同余方程 $x^8\equiv 41 \bmod 23$。

8. (1) 求所有整数 m，使得关于 x 的同余方程 $mx^5\equiv 7 \bmod 29$ 有解。

(2) 求所有整数 n，使得同余方程 $5x^6\equiv n \bmod 23$ 有解且 $23\nmid n$。

第7章

代数系统和群

7.1 代数系统

代数系统也称为代数结构,是指定义了若干运算的集合,它通常由 3 部分组成:

(1) 集合。也叫载体,由将要处理的对象构成,如整数、实数、函数、矩阵等。

(2) 运算。定义在集合上,可能是一元运算、二元运算、也可能是多元运算,如函数求逆、矩阵求逆、整数相加及相乘等。

(3) 集合中的特异元素。例如,整数集合 $\mathbf{Z}$、其上的运算＋和常数 0 构成一个代数系统,记为 $\langle \mathbf{Z}, +, 0 \rangle$。其中,常数 0 就是特异元素。有时为了简化,特异元素可以不写。有时运算和特异元素都可以不写。

代数系统上的运算通常需要满足封闭性。设 S 是代数系统中的集合,$\circ$ 和 $\triangle$ 分别是 S 上的二元运算和一元运算。如果对任意的 $a, b \in S$,有 $a \circ b \in S$,则称 S 对 $\circ$ 是封闭的。如果对任意的 $a \in S$,有 $\triangle a \in S$,则称 S 对 $\triangle$ 是封闭的。

常见的特异元素有单位元、零元和逆元。

定义 7.1.1 设代数系统为 $\langle S, * \rangle$,其中 $*$ 是 S 上的二元运算。1 是 S 中的元素,如果对任意的 $x \in S$,有 $1 * x = x * 1 = x$,则称 1 是 S 关于 $*$ 的单位元。0 是 S 中的元素,如果对任意的 $x \in S$,$0 * x = x * 0 = 0$,则称 0 是 S 的零元。

定理 7.1.1 设代数系统 $\langle S, * \rangle$ 有单位元(零元),则单位元(零元)是唯一的。

证明 设 1 和 $1'$ 是单位元,则 $1 = 1 * 1' = 1'$。零元的证明类似。　　　　证毕。

定义 7.1.2 设代数系统为 $\langle S, * \rangle$,$*$ 是 S 上的二元运算,1 是 S 关于 $*$ 的单位元。对 $x \in S$,如果存在 $y \in S$,使得 $x * y = y * x = 1$,则称 y 是 x 的逆元,记为 $x^{-1} = y$。

定理 7.1.2 在 $\langle S, * \rangle$ 中,如果 $x \in S$ 有逆元,则逆元是唯一的。

证明 设 y_1、y_2 是 x 的逆元,即 $x * y_1 = x * y_2 = 1$,则

$$y_1 = y_1 * 1 = y_1 * (x * y_2) = (y_1 * x) * y_2 = 1 * y_2 = y_2$$

证毕。

定义 7.1.3 设 $A = \langle S, *, \triangle, k \rangle$ 是一个代数系统,如果

(1) $S' \subseteq S$。

(2) S' 对 $*$ 和 $\triangle$ 封闭。

(3) $k \in S'$。

则称 $A' = \langle S', *, \triangle, k \rangle$ 是 A 的子代数。

一些代数系统在结构上非常相似或一致,可以用同态或同构来刻画两个代数结构的相似或一致。

定义 7.1.4 设 $A=\langle S, *, \triangle, k\rangle$ 和 $A'=\langle S', *', \triangle', k'\rangle$ 是具有相同构成成分的两个代数系统,h 是一个函数。如果

(1) $h: S \to S'$。

(2) 对任意的 $a, b \in S$,有 $h(a*b)=h(a)*'h(b)$。

(3) 对任意的 $a \in S$,有 $h(\triangle a)=\triangle'h(a)$。

(4) $h(k)=k'$。

则称 h 是 A 到 A' 的同态,$\langle h(S), *', \triangle', k'\rangle$ 称为 A 在 h 下的同态像。如果 h 是单射,则称之为单同态;如果 h 是满射,则称之为满同态。如果 h 是双射(也称一一映射),则称之为同构,此时称 A 和 A' 是同构的,同构的两个代数系统在结构上完全相同,因此有完全相同的性质。

7.2 群

定义 7.2.1 设代数系统 $\langle G, \cdot\rangle$ 满足以下性质:

(1) 封闭性。

(2) 结合律,也称结合性。即对任意的 $a, b, c \in G$,有 $(a \cdot b) \cdot c=a \cdot (b \cdot c)$。

(3) 有单位元。

(4) 任一元素都有逆元。

则称 $\langle G, \cdot\rangle$ 是群。若仅满足(1)、(2)两条,则称 $\langle G, \cdot\rangle$ 是半群。若其中元素个数(记为 $|G|$)有限,则称为有限群,否则称为无限群。$|G|$ 称为群的阶数。

若运算还满足交换律,即对任意的 $a, b \in G$,有 $a \cdot b=b \cdot a$,则称 $\langle G, \cdot\rangle$ 是交换群或 Abel 群。

由逆元的定义容易推出逆元有如下性质:

(1) $(a^{-1})^{-1}=a$。

(2) 若 a、b 均可逆,则 $a \cdot b$ 可逆,且 $(a \cdot b)^{-1}=b^{-1} \cdot a^{-1}$。

(3) 若 a 可逆,则 a^n 可逆,$(a^n)^{-1}=(a^{-1})^n \xrightarrow{\text{记为}} a^{-n}$。其中,$a^n=a \cdot a \cdot \cdots \cdot a(n个a)$。

a^n 称为元素的幂运算。幂运算有以下性质:

设 $m, n \in \mathbf{Z}$,则

(1) $a^m \cdot a^n=a^{m+n}$。

(2) $(a^n)^m=a^{mn}$。

例 7.2.1 非 0 实数集 $\mathbf{R}^*$ 对通常的乘法运算满足封闭性、结合律,单位元是 1,任意的 $a \in \mathbf{R}^*$ 的逆元是 $a^{-1}=\dfrac{1}{a}$,因此 $\langle \mathbf{R}^*, \cdot\rangle$ 形成群,且是交换群。同样地,非 0 有理数集 $\mathbf{Q}^*$、非 0 复数集 $\mathbf{C}^*$ 对通常的乘法也构成交换群。

例 7.2.2 有理数集 $\mathbf{Q}$、实数集 $\mathbf{R}$ 和复数集 $\mathbf{C}$ 对通常意义下的加法构成交换群,单位

元是 0，a 的逆元是 $-a$。

例 7.2.3 $\langle \mathbf{Z}, + \rangle$ 构成交换群，单位元是 0，a 的逆元是 $-a$。

设 $\mathbf{Z}^* = \mathbf{Z} - \{0\}$，$\langle \mathbf{Z}^*, \cdot \rangle$ 满足封闭性、结合律，有单位元 1，但除了 1 以外，每一元素都无逆元，因此该代数系统不构成群。

例 7.2.4 $\mathbf{Z}_n = \{0, 1, 2, \cdots, n-1\}$，在其上定义加法如下：

$$a +_n b = (a + b) \bmod n$$

封闭性是显然的。

结合性：对任意的 $a, b, c \in \mathbf{Z}_n$：

$$(a +_n b) +_n c = ((a + b) \bmod n + c) \bmod n = (a + b + c) \bmod n$$
$$a +_n (b +_n c) = (a + (b + c) \bmod n) \bmod n = (a + b + c) \bmod n$$

所以

$$(a +_n b) +_n c = a +_n (b +_n c)$$

单位元是 0，因为对任意的 $a \in \mathbf{Z}_n$，$a +_n 0 = (a + 0) \bmod n = a$。

每一元素都有逆元，对任意的 $a \in \mathbf{Z}_n$，$a^{-1} = n - a$。这是因为

$$a +_n (n - a) = (a + (n - a)) \bmod n = 0$$

交换律也是显然的。

所以，$\langle \mathbf{Z}_n, +_n \rangle$ 构成交换群。

设 $\mathbf{Z}_n^* = \mathbf{Z}_n - \{0\}$，定义乘法如下：

$$a \times_n b = (a \cdot b) \bmod n$$

$\times_n$ 满足封闭性、结合律，单位元是 1。但有些元素没有逆元。例如，n 的真因子 d 没有逆元，否则，存在 $d' \in \mathbf{Z}_n^*$，使得 $d \times_n d' = 1$，即 $d \cdot d' \equiv 1 \bmod n$，则存在 $q \in \mathbf{Z}$，使得 $dd' = 1 + qn$，得 $d | 1$，矛盾。

例 7.2.5 设 $A = \{a | a \in \mathbf{Z}_n^*, (a, n) = 1\}$，即 A 是由模 n 的简化剩余系构成的。对任意的 $a \in A$，a^{-1} 存在，交换律显然，所以 $\langle A, \times_n \rangle$ 是交换群。

例 7.2.6 设 p 为素数，$\mathbf{Z}_p^* = \mathbf{Z}_p - \{0\} = \{1, 2, \cdots, p-1\}$ 上的运算定义如下：

$$a \times_p b = (a \cdot b) \bmod p$$

显然 $\mathbf{Z}_p^*$ 中每一个元素都有逆元，$\langle \mathbf{Z}_p^*, \times_p \rangle$ 是交换群。

例 7.2.7 实数域 $\mathbf{R}$ 上的全体 $n \times n$ 可逆矩阵构成的集合在矩阵的乘法运算下构成群。因为封闭性、结合性是显然的，单位元为单位矩阵，每个矩阵的逆元为其逆矩阵。然而矩阵乘法无交换性，所以该群不是交换群。

例 7.2.8 设有限集合 $M \neq \varnothing$，M 上的双射函数称为 M 上的置换。

假设 $M = \{1, 2, \cdots, n\}$，置换可表示为

$$\sigma = \begin{bmatrix} 1 & 2 & \cdots & n \\ i_1 & i_2 & \cdots & i_n \end{bmatrix}$$

其中 $\{i_1, i_2, \cdots, i_n\}$ 是 $\{1, 2, \cdots, n\}$ 的一个排列，所以共有 $n!$ 个置换，记置换的集合为 S，定义 S 上的复合运算 $\circ$ 如下：设 $\sigma_1, \sigma_2 \in S$，$a \in M$，则 $\sigma_1 \circ \sigma_2(a) = \sigma_1(\sigma_2(a))$。

$\langle S, \circ \rangle$ 构成群。因为其封闭性和结合性是显然的，单位元是恒等置换，即

$$\sigma_0 = \begin{bmatrix} 1 & 2 & \cdots & n \\ 1 & 2 & \cdots & n \end{bmatrix}$$

$\sigma = \begin{bmatrix} 1 & 2 & \cdots & n \\ i_1 & i_2 & \cdots & i_n \end{bmatrix}$ 的逆元为

$$\sigma^{-1} = \begin{bmatrix} i_1 & i_2 & \cdots & i_n \\ 1 & 2 & \cdots & n \end{bmatrix}$$

然而，。不满足交换律。例如 $M = \{1,2,3\}$ 上的置换：

$$\sigma_1 = \begin{bmatrix} 1 & 2 & 3 \\ 2 & 1 & 3 \end{bmatrix}, \quad \sigma_2 = \begin{bmatrix} 1 & 2 & 3 \\ 3 & 2 & 1 \end{bmatrix}$$

$$\sigma_1 \circ \sigma_2 = \begin{bmatrix} 1 & 2 & 3 \\ 3 & 1 & 2 \end{bmatrix}, \quad \sigma_2 \circ \sigma_1 = \begin{bmatrix} 1 & 2 & 3 \\ 2 & 3 & 1 \end{bmatrix}$$

可见 $\sigma_1 \circ \sigma_2 \neq \sigma_2 \circ \sigma_1$。

如果置换 σ 将 $\{1,2,\cdots,n\}$ 中的一部分元素 $\{i_1,i_2,\cdots,i_k\}$ 变为 $\sigma(i_1) = i_2, \sigma(i_2) = i_3, \cdots, \sigma(i_{k-1}) = i_k, \sigma(i_k) = i_1$，而保持其他元素不变，则称该置换为轮换，记为 $(i_1,i_2,\cdots,i_k)$。

任一置换都可写成一些轮换的乘积，例如：

$$\sigma = \begin{bmatrix} 1 & 2 & 3 & 4 & 5 & 6 \\ 6 & 5 & 1 & 2 & 4 & 3 \end{bmatrix} = (2,5,4)(1,6,3)$$

回忆一下第 6 章中元素的指数（阶）的概念：给定模数 $n \geqslant 1$，$(a,n) = 1$，满足 $a^d \equiv 1 \bmod n$ 的最小的 d 称为 a 对模 n 的阶。

把这一概念推广到群，同样有元素的阶的概念。

定义 7.2.2 设 $\langle G, * \rangle$ 是群，$a \in G$，如果存在 $n \in \mathbf{N}$，使得 $a^n = e$（其中 e 为 G 的单位元），则称 a 的阶是有限的，最小的 n 称为 a 的阶，记为 $\delta(a)$。如果不存在这样的 n，则称 a 的阶是无限的。

阶的性质和第 6 章指数（阶）的性质一样，证明类似，总结如下。

定理 7.2.1 设 $\langle G, * \rangle$ 是群，$a \in G$，则

(1) $a^k \equiv e$ 当且仅当 $\delta(a) \mid k$。

(2) $\delta(a^{-1}) = \delta(a)$。

(3) $\delta(a^k) = \dfrac{\delta(a)}{(k, \delta(a))}$。

下面介绍循环群，它是最重要的一种群。

定义 7.2.3 设 $\langle G, * \rangle$ 是群，如果存在 $g \in G$，对任意的 $a \in G$，存在 $i \in \mathbf{Z}$，使得 $a = g^i$，则称 $\langle G, * \rangle$ 是循环群，g 称为 $\langle G, * \rangle$ 的生成元。将循环群 $\langle G, * \rangle$ 记为 $\langle g \rangle$。

显然，循环群是交换群。

定理 7.2.2 设 $\langle G, * \rangle$ 是由 $g \in G$ 生成的有限循环群，$|G| = n$，则

(1) $g^n = e$，且 n 是使 $g^n = e$ 的最小正整数，即 $\delta(g) = n$。

(2) $G = \{g, g^2, \cdots, g^n = e\}$。

证明

(1) 设正整数 $m<n$，使得 $g^m=e$，则对任一 $g^k\in G$，设 $k=qm+r,0\leqslant r<m$，$g^k=(g^m)^q *$ $g^r=g^r$，这意味着 G 中任一元素都可写成 g^r 的形式，但 $r<m$，所以 $|G|<m$ 与 $|G|=n$ 矛盾。

(2) 记 $A=\{g,g^2,\cdots,g^n=e\}$，则显然对任意的 $a\in A$ 有 $a\in G$，即 $A\subseteq G$。又知 A 中元素全不相同；否则，若有 $g^i=g^j(1\leqslant i,j\leqslant n)$，不妨设 $i>j$，则 $g^{i-j}=e$，$i-j<n$ 与 n 的最小性矛盾。所以 $|A|=n=|G|$，所以 $A=G$。   证毕。

由定理 7.2.2 知，n 阶循环群中任一生成元的阶也为 n。

例 7.2.9

(1) $\langle \mathbf{Z},+\rangle$ 是无限循环群，1 和 -1 是生成元。

(2) $\langle \mathbf{Z}_k,\times_k\rangle$ 是有限循环群，其中 $\times_k$ 定义为 $a\times_k b\equiv(a\cdot b)\bmod k$，1 和 $k-1$ 是生成元。

(3) $\langle \mathbf{Z}_k,+_k\rangle$ 是有限循环群，其中 $+_k$ 定义为 $a+_k b=(a+b)\bmod k$。例如，$k=4$ 时，$\mathbf{Z}_4$ 上的 $+_4$ 运算如表 7.2.1 所示，1 和 3 是生成元。

表 7.2.1　$\mathbf{Z}_4$ 上的 $+_4$ 运算

$+_4$	0	1	2	3
0	0	1	2	3
1	1	2	3	0
2	2	3	0	1
3	3	0	1	2

7.3 子群和群同态

将子代数的概念用于群，就得到子群的定义。

定义 7.3.1　设 $\langle G,*\rangle$ 是群，H 是 G 的非空子集。如果 H 在运算 $*$ 下也构成群，则称 $\langle H,*\rangle$ 是 $\langle G,*\rangle$ 的子群。

当 $H=\{e\}$ 和 $H=G$ 时，$\langle H,*\rangle$ 都是 $\langle G,*\rangle$ 的子群，称为 $\langle G,*\rangle$ 的平凡子群。除此之外的子群叫非平凡子群。

例 7.3.1　$\langle \mathbf{Z},+\rangle$ 是群，令 $n\mathbf{Z}=\{nk|k\in\mathbf{Z}\}$，则 $\langle n\mathbf{Z},+\rangle$ 是 $\langle \mathbf{Z},+\rangle$ 的非平凡子群。

按照定义 7.3.1，要判断 $\langle H,*\rangle$ 是 $\langle G,*\rangle$ 的子群，需要判断 $\langle H,*\rangle$ 满足群的 4 个条件，即运算的封闭性、运算的结合性，有单位元，每个元素有逆元。然而按照以下定理，4 个条件的判断可合并成一个。

定理 7.3.1　设 H 是 G 的非空子集，$\langle H,*\rangle$ 是 $\langle G,*\rangle$ 的子群的充要条件是对任意的 $a,b\in H$，有 $a*b^{-1}\in H$。

证明　必要性显然。

充分性：H 是 G 的非空子集，H 中运算的结合性可从 G 中继承。$H\neq\varnothing$，存在 $a\in$

H,由条件得 $e=a*a^{-1}\in H$,即 H 中有单位元。对任意的 $a\in H$,由 $e\in H$ 及条件得 $a^{-1}=e*a^{-1}\in H$。又对任意的 $a,b\in H$,$b^{-1}\in H$,$a*b=a*(b^{-1})^{-1}\in H$,即运算具有封闭性。

综上,$\langle H,*\rangle$ 是 $\langle G,*\rangle$ 的子群。   证毕。

定理 7.3.2 设 H_1、H_2 都是 G 的子群,则 $H_1\bigcap H_2$ 是 G 的子群。

证明 对任意的 $a,b\in H_1\bigcap H_2$,有:$a,b\in H_1$,得 $a*b^{-1}\in H_1$;$a,b\in H_2$ 得 $a*b^{-1}\in H_2$。所以 $a*b^{-1}\in H_1\bigcap H_2$,即 $H_1\bigcap H_2$ 是 G 的子群。   证毕。

定理 7.3.2 的结论可推广到多个子群。

定义 7.3.2 设 $\langle G,*\rangle$ 和 $\langle H,\cdot\rangle$ 是两个群,如果对任意的 $a,b\in G$,有 $h(a*b)=h(a)\cdot(b)$,则映射 $h:G\rightarrow H$ 称为从 $\langle G,*\rangle$ 到 $\langle H,\cdot\rangle$ 的群同态。

类似于定义 7.1.4,群同态同样有单同态、满同态、同构。

和定义 7.1.4 比较,可见定义 7.3.2 中省去了两条:

$$h(e_G)=e_H,\quad h(a^{-1})=[h(a)]^{-1}$$

这里 e_G 和 e_H 分别是 $\langle G,*\rangle$ 和 $\langle H,\cdot\rangle$ 的单位元。这是由于群的结构,这两条已经在定义 7.3.2 中蕴含了:

$$h(e_G)=h(e_G*e_G)=h(e_G)\cdot h(e_G)$$

两边同乘 $h(e_G)$ 的逆元得 $h(e_G)=e_H$。

$$h(a)\cdot h(a^{-1})=h(a*a^{-1})=h(e_G)=e_H$$

所以 $h(a^{-1})=(h(a))^{-1}$。

定理 7.3.3 设 h 是 $\langle G,*\rangle$ 到 $\langle H,\cdot\rangle$ 的群同态,则 $\langle h(G),\cdot\rangle$ 是 $\langle H,\cdot\rangle$ 的子群,称之为 $\langle G,*\rangle$ 的同态像,其中 $h(G)=\{h(a)|a\in G\}$。

证明 对任意的 $x,y\in h(G)$,存在 $a,b\in G$,使得

$$x=h(a),\quad y=h(b)$$

$$x\cdot y^{-1}=h(a)\cdot h(b)^{-1}=h(a)\cdot h(b^{-1})=h(a*b^{-1})\in h(G)$$

由定理 7.3.1,$\langle h(G),\cdot\rangle$ 是 $\langle H,\cdot\rangle$ 的子群。   证毕。

例 7.3.2 证明每一个 k 阶循环群 $\langle G,*\rangle$ 都同构于 $\langle \mathbf{Z}_k,+_k\rangle$。

证明 取 $\langle G,*\rangle$ 的生成元 a,由定理 7.2.2,$G=\langle a,a^2,\cdots,a^k=e\rangle$。作以下映射:

$$h:\mathbf{Z}_k\rightarrow G,\quad h(i)=a^i\quad(0\leqslant i\leqslant k-1)$$

显然 h 是单同态的、满同态的。对任意的 $i,j\in\mathbf{Z}_k$,有

$$h(i+_k j)=h((i+j)\bmod k)=a^{(i+j)\bmod k}=a^i*a^j=h(i)*h(j)$$

所以 $\langle G,*\rangle$ 和 $\langle \mathbf{Z}_k,+_k\rangle$ 同构。

例 7.3.3 证明有限群 $\langle G,*\rangle$ 的运算表(例如表 7.2.1)中每一行和列都是 G 的元素的一个置换。将这种置换构成的集合记为 P,其上的复合运算记为 $\Diamond$。证明 $\langle P,\Diamond\rangle$ 是群且与 $\langle G,*\rangle$ 同构。

证明 设 $a\in G$,首先证明运算表中 a 对应的行中,G 中的元素最多出现一次。用反证法。设 $k\in G$ 在 a 对应的行中出现了两次,即 $k=a*b_1=a*b_2$,两边同乘以 a^{-1},得 $b_1=b_2$,矛盾。

再证明任意的 $k\in G$ 必在 a 对应的行中出现。因为 $k=a*(a^{-1}*b)$,而 $a^{-1}*b\in G$,

k 出现在 a 行中的 $a^{-1}*b$ 列。

所以 a 行是 G 的元素的一个置换。列的情况类似。

下面证明 $\langle P,\diamondsuit\rangle$ 是群。设 a 对应的行置换为 p_a，即 $p_a(x)=a*x$，任意的 $a,b\in G$，$p_a\diamondsuit p_b(x)=p_a(p_b(x))=a*(b*x)=p_{a*b}(x)$，所以 $P_a\diamondsuit P_b=P_{a*b}$。

由于 $P_a\diamondsuit P_{a^{-1}}=P_{a*a^{-1}}=P_e$ 为恒等置换，得 $(P_a)^{-1}=P_{a^{-1}}$。$P_a\diamondsuit P_b^{-1}=P_a\diamondsuit P_{b^{-1}}=P_{a*b^{-1}}\in P$，所以 $\langle P,\diamondsuit\rangle$ 是群。

最后证明 $\langle P,\diamondsuit\rangle$ 和 $\langle G,*\rangle$ 同构。

作映射 $h:G\to P,h(a)=p(a),h$ 显然是双射函数。且
$$h(a*b)=p_{a*b}=P_a\diamondsuit P_b=h(a)\diamondsuit h(b)$$
这就证明了同构。 证毕。

例 7.3.3 表明对任何群的研究都可归结于对置换群的研究。如果置换群研究清楚了，一切有限群就都清楚了，可见置换群的重要性。但经验表明，研究置换群并不比研究抽象群容易。所以不得不直接研究抽象群。

定义 7.3.3 设 h 是从 $\langle G,*\rangle$ 到 $\langle H,\cdot\rangle$ 的群同态，如果 $K\subseteq G$ 中的每一元素都被映射成 H 的单位元 e_H，再没有其他元素映射到 e_H，则称 K 为同态 h 的核，记为 $\ker(h)=\{a|a\in G,h(a)=e_H\}$。

定理 7.3.4 $\ker(h)$ 是 $\langle G,*\rangle$ 的子群，且 h 是单同态的充要条件是 $\ker(h)=\{e\}$，其中 e 是 G 中的单位元。

证明 设 $a,b\in\ker(h)$，即 $h(a)=e_H,h(b)=e_H$，从而
$$h(a*b^{-1})=h(a)\cdot h(b^{-1})=h(a)\cdot h(b)^{-1}=e_H\cdot e_H^{-1}=e_H$$
所以 $a*b^{-1}\in\ker(h)$，即 $\ker(h)$ 是 $\langle G,*\rangle$ 的子群。

若 h 是单射，则由 $h(a)=e_H=h(e)$ 得 $a=e$，即 $\ker(h)=\{e\}$。

反过来，如果 $\ker(h)=\{e\}$，对 $\forall a,b\in G,h(a)=h(b)$，则有
$$h(a*b^{-1})=h(a)\cdot h(b^{-1})=h(a)\cdot h(b)^{-1}=e_H$$
所以 $a*b^{-1}\in\ker(h)$。即 $a*b^{-1}=e$，所以 $a=b$，即 h 是单射的。 证毕。

7.4 正规子群和商群

设 $\langle H,*\rangle$ 是群 $\langle G,*\rangle$ 的子群，对任意的 $a\in G$，构造集合 $aH=\{a*h|h\in H\}$。aH 称为由 a 确定的子群 $\langle H,*\rangle$ 的左陪集，a 称为左陪集 aH 的表示元素。类似地，$Ha=\{h*a|h\in H\}$ 为右陪集。

例 7.4.1 设 $n\in\mathbf{N}$，则 $H=n\mathbf{Z}$ 是 $\langle\mathbf{Z},+\rangle$ 的子群，对任意的 $a\in\mathbf{Z}$，有
$$a+H=a+n\mathbf{Z}=\{a+kn\mid k\in\mathbf{Z}\}$$
就是 $n\mathbf{Z}$ 的左陪集，且 $a+H=H+a$。

下面只讨论左陪集的性质，右陪集的性质与之类似。

定理 7.4.1 设 $\langle H,*\rangle$ 是 $\langle G,*\rangle$ 的子群，则

(1) 对任意的 $a\in G,aH=\{c|c\in G\text{ 且 }c^{-1}*a\in H\}$。

(2) 对任意的 $a,b \in G$，$aH = bH$ 的充要条件是 $b^{-1} * a \in H$。

(3) 对任意的 $a,b \in G$，$aH \cap bH = \varnothing$ 的充要条件是 $b^{-1} * a \notin H$。

(4) 对任意的 $a \in H$，有 $aH = H = Ha$。

证明

(1) 设 $H' = \{c \mid c \in G, c^{-1} * a \in H\}$，要证 $aH = H'$。对任意的 $c \in aH$，存在 $h \in H$，使得 $c = a * h$，从而 $c^{-1} * a = h^{-1} \in H$，$c \in H'$，所以 $aH \subseteq H'$。反过来，对任意的 $c \in H'$，有 $c^{-1} * a \in H$，存在 $h_1 \in H$，使得 $c^{-1} * a = h_1$，从而 $c = a * h_1^{-1} \in aH$，所以 $H' \subseteq aH$。综上，$aH = H'$。

(2) 设 $aH = bH$，则 $b = b * e^{-1} \in bH = aH$，所以存在 $h_1 \in H$，使得 $b = a * h_1$，从而 $b^{-1} * a = h_1^{-1} \in H$。反过来，设 $b^{-1} * a \in H$，存在 $h_2 \in H$，使得 $b^{-1} * a = h_2$，$a = b * h_2$，$b = a * h_2^{-1}$。对任意的 $c \in aH$，存在 $h_3 \in H$，使得 $c = a * h_3 = b * (h_2 * h_3) \in bH$，所以 $aH \subseteq bH$。对任意的 $c \in bH$，存在 $h_4 \in H$，使得 $c = b * h_4 = a * (h_2^{-1} * h_4) \in aH$。所以 $bH \subseteq aH$。综上，$aH = bH$。

(3) **必要性**：反证。若 $b^{-1} * a \in H$，则由(2)，$aH = bH$，$aH \cap bH \neq \varnothing$，矛盾。

充分性：反证。若 $aH \cap bH \neq \varnothing$，则存在 $r \in aH \cap bH$，$r = a * h_1 = b * h_2$，$b^{-1} * a = h_2 * h_1^{-1} \in H$，与 $b^{-1} * a \notin H$ 矛盾。

(4) 在(2)中取 $b = e$，则 $b^{-1} * a = a \in H$，由(2)可得 $aH = eH = H$。 证毕。

由定理 7.4.1 可见，H 的任意两个左陪集要么完全一样，要么不相交。

定理 7.4.2 设 $\langle H, * \rangle$ 是 $\langle G, * \rangle$ 的子群，则 G 可以表示成 H 的所有左陪集的并，即 $G = \bigcup\limits_{a \in G} aH$。

证明 对任意的 $a \in G$，$a = a * e \in aH$，所以 $G \subseteq aH \subseteq \bigcup\limits_{a \in G} aH$。

反过来，对任意的 $b \in \bigcup\limits_{a \in G} aH$，存在 $a \in G$，使得 $b \in aH$，进而存在 $h \in H$，使得

$$b = a * h \in G, \quad \text{所以} \bigcup\limits_{a \in G} aH \subseteq G$$

综上，$\bigcup\limits_{a \in G} aH = G$。 证毕。

定理 7.4.3 设 $\langle H, * \rangle$ 是 $\langle G, * \rangle$ 的子群，则 H 的任意陪集的大小(基数)是相等的。

证明 设 $h_1, h_2 \in H$，$h_1 \neq h_2$，则 $a * h_1 \neq a * h_2$，否则两边同乘 a^{-1}，得 $h_1 = h_2$，矛盾。所以 H 中的不同元素对应 aH 中的不同元素，$|aH| = |H|$。 证毕。

由定理 7.4.2 和定理 7.4.3，H 的所有左陪集构成 G 的一个划分，且划分的块大小相等，由此得到以下定理。

定理 7.4.4(Lagrange 定理) 有限群的任意子群的阶数可整除群的阶数。

下面利用 Lagrange 定理证明循环群的几个重要性质。

定理 7.4.5 循环群的子群是循环群。

证明 设 H 是循环群 $G = \{g^i \mid i = 1,2,3,\cdots\}$ 的子群，k 是使得 $g^k \in H$ 的最小正整数。对任一 $a = g^i \in H$，令 $i = qk + r(0 \leqslant r < k)$，则 $g^i = (g^k)^q g^r$，$g^r = g^i (g^{qk})^{-1} \in H$。所以 $r = 0$，否则与 k 的最小性矛盾。所以 $g^i = (g^k)^q$，H 是由 g^k 生成的循环子群。 证毕。

定理 7.4.6 设 G 是 n 阶有限群，a 是 G 中任一元素，那么 $a^n = e$。

证明 设 $H = \{e, a, a^2, \cdots, a^{r-1}\}$，其中 r 是 a 的阶，由定理 7.3.1 易证 $\langle H, \cdot \rangle$ 是 $\langle G, \cdot \rangle$ 的子群，由定理 7.4.4，$|H| \mid |G|$，$r \mid n$，存在正整数 t，使得 $n = rt$。所以 $a^n = (a^r)^t = e$。
证毕。

定理 7.4.7 素数阶的群是循环群，且任一与单位元不同的元素是生成元。

证明 设 $\langle G, \cdot \rangle$ 是群，且 $|G| = p$（p 为素数）。任取 $a \in G, a \neq e$，构造 $H = \{e, a, a^2, \cdots\}$，易知 H 是 G 的子群（同定理 7.4.6）。设 $|H| = n$，则 $n \neq 1$。由定理 7.4.4，$n \mid p$，所以 $n = p, H = G$。所以 G 是循环群，a 是生成元。
证毕。

定理 7.4.8 设 a^k 是 n 阶循环群 $G = \langle a \rangle$ 中的任一元素，那么

$$\delta(a^k) = \frac{n}{(k, n)}$$

证明 由定理 7.2.2，$\delta(a) = n$。余下的证明类似于定理 6.1.3 的证明。
证毕。

定理 7.4.9 在 n 阶循环群 $G = \langle a \rangle$ 中，a^k 是生成元当且仅当 $(k, n) = 1$。

证明 由定理 7.4.8 直接可得。
证毕。

定义 7.4.1 设 $\langle H, * \rangle$ 是 $\langle G, * \rangle$ 的子群，如果对任意的 $a \in G$，有 $aH = Ha$，则称 $\langle H, * \rangle$ 是正规子群。

定义中的 $aH = Ha$ 是指对任意的 $h_1 \in H$，都有 $h_2 \in H$，使得 $a * h_1 = h_2 * a$，并不要求 $a * h_1 = h_1 * a$。

对正规子群来说，左陪集等于右陪集，可以简称为陪集。

显然，交换群的所有子群是正规子群，任意一个群的平凡子群是正规子群。

定理 7.4.10 设 $\langle H, * \rangle$ 是 $\langle G, * \rangle$ 的子群，则下面的结论等价：

(1) H 是 G 的正规子群。

(2) 对任意的 $a \in G$，$aHa^{-1} = H$；

(3) 对任意的 $a \in G$，$aHa^{-1} \subseteq H$。

证明 (1)$\Rightarrow$(2)$\Rightarrow$(3)，显然。下面证明 (3)$\Rightarrow$(1)。

对任意的 $a \in G, h \in H$，由 $aHa^{-1} \subseteq H$ 知，存在 $h' \in H$，使得 $a * h * a^{-1} = h'$，$a * h = h' * a \subseteq Ha$，所以 $aH \subseteq Ha$。又由 $a^{-1} \in G$，有 $a^{-1} H (a^{-1})^{-1} = a^{-1} Ha \subseteq H$。存在 $h'' \in H$，使得 $a^{-1} * h * a = h''$，$h * a = a * h'' \subseteq aH$，所以 $Ha \subseteq aH$，所以 $aH = Ha$。

证毕。

在证明 $aH = Ha$ 时，要证明两个集合 aH 和 Ha 互相包含，但由定理 7.4.10，只需证明集合 $aH^{-1}a$ 包含在 H 中即可。

由正规子群可构造商群。

定理 7.4.11 设 $\langle H, * \rangle$ 是 $\langle G, * \rangle$ 的正规子群，则如下构造的代数系统 $\left\langle \dfrac{G}{H}, \cdot \right\rangle$ 是群，称为群 G 对正规子群 H 的商群。其中 $\dfrac{G}{H} = \{aH \mid a \in G\}$，运算 $\cdot$ 定义为 $aH \cdot bH = (a * b)H$。

证明 封闭性是显然的。结合律由 G 中的结合律直接可得。单位元 $eH = H$，这是因为

$$aH \cdot H = aH \cdot eH = (a * e)H = aH$$

aH 的逆元是 $a^{-1}H$,这是因为

$$aH \cdot a^{-1}H = (a * a^{-1})H = eH = H$$

证毕。

例 7.4.2 由例 7.4.1 知 $H = n\mathbf{Z}$ 是群 $\langle \mathbf{Z}, + \rangle$ 的正规子群,则 $\left\langle \dfrac{\mathbf{Z}}{H}, \oplus \right\rangle$ 是 $\langle \mathbf{Z}, + \rangle$ 对 H 的商群。其中 $\dfrac{\mathbf{Z}}{H} = \{a + H \mid a \in \mathbf{Z}\}$,$(a + H) \oplus (b + H) = (a + b) + H$。

定理 7.4.12 设 h 是群 $\langle G, * \rangle$ 到群 $\langle H, \cdot \rangle$ 的同态,则 $\ker(h)$ 是 G 的正规子群。反过来,若 N 是 G 的正规子群,映射 $s: G \to \dfrac{G}{N}$,$s(a) = aN$ 是核为 N 的同态,称为 G 到 $\dfrac{G}{N}$ 的自然同态。

证明 对任意的 $a \in G, b \in \ker(h)$,有

$$h(a * b * a^{-1}) = h(a) \cdot h(b) \cdot h(a^{-1}) = h(a) \cdot h(a^{-1})$$
$$= h(a * a^{-1}) = h(e) = e'$$

其中 e' 是 $\langle H, \cdot \rangle$ 的单位元,所以 $a * b * a^{-1} \in \ker(h)$,即 $a * \ker(h) * a^{-1} \subseteq H$。由定理 7.4.10,$\ker(h)$ 是正规子群。

对任意的 $a, b \in G$,有

$$s(a * b) = (a * b)N = (aN) \cdot (bN) = s(a) \cdot s(b)$$

其中 $\cdot$ 是 $\dfrac{G}{N}$ 上的运算,所以 s 是 G 到 $\dfrac{G}{N}$ 的同态。

又,N 是 $\dfrac{G}{N}$ 的单位元,由 $s(a) = N$ 得 $aN = N$,由定理 7.4.1,$a \in N$,即 $\ker(s) = N$。

证毕。

定理 7.4.13 设 h 是群 $\langle G, * \rangle$ 到群 $\langle G', \cdot \rangle$ 的满同态,则存在唯一的 $\left\langle \dfrac{G}{\ker(h)}, \otimes \right\rangle$ 到 $\langle G', \cdot \rangle$ 的同构 $f: a\ker(h) = h(a)$,使得 $h = f \circ s$,其中 $\otimes$ 是 $\dfrac{G}{\ker(h)}$ 上的运算,s 是 G 到 $\dfrac{G}{\ker(h)}$ 的自然同态。

证明 由定理 7.4.12,$\ker(h)$ 是 G 的正规子群,商群 $\left\langle \dfrac{G}{\ker(h)}, \otimes \right\rangle$ 存在。

先证明 f 是同态。对任意的 $a\ker(h), b\ker(h) \in \dfrac{G}{\ker(h)}$,有

$$f(a\ker(h) \otimes b\ker(h)) = f((a * b)\ker(h)) = h(a * b) = h(a) \cdot h(b)$$
$$= f(a\ker(h)) \cdot f(b\ker(h))$$

即 f 是同态。

再证明 f 是单一的,由 $f(a\ker(h)) = e'$(其中 e' 是 G' 的单位元),得 $h(a) = e'$,所以 $a \in \ker(h)$,从而 $a\ker(h) = \ker(h)$,$\ker(f) = \{\ker(h)\}$,f 的核仅由 $\dfrac{G}{\ker(h)}$ 的单位元构成,所以 f 是单一的。

最后证明 f 是满射的,由 h 是 G 到 G' 的满同态,对任意 $c \in G'$,存在 $a \in G$,使得 $h(a) = c$,从而 $f(a\text{ker}(h)) = h(a) = c$,即 $a\text{ker}(h)$ 是 c 在 $\dfrac{G}{\text{ker}(h)}$ 上的原像。

所以 f 是同构。

又,对任意的 $a \in G$,有

$$(f \circ s)(a) = f(s(a)) = f(a\text{ker}(h)) = h(a)$$

所以 $h = f \circ s$。假如还有 $\dfrac{G}{\text{ker}(h)}$ 到 G' 的另一同构 g,使得 $h = g \circ s$,则对任意的 $a\text{ker}(h) \in \dfrac{G}{\text{ker}(h)}$,有

$$g(a\text{ker}(h)) = g(s(a)) = g \circ s(a) = h(a) = f(a\text{ker}(h))$$

所以 $g = f$,即上述 f 是唯一的。   证毕。

定理 7.4.13 中各个群之间的关系如图 7.4.1 所示。

下面利用定理 7.4.13 研究循环群的性质,首先给出 $\langle \mathbf{Z}, + \rangle$ 的子群的结构。

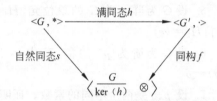

图 7.4.1   定理 7.4.13 中各个群之间的关系

定理 7.4.14 $\langle \mathbf{Z}, + \rangle$ 的每个子群 $\langle H, + \rangle$ 是循环群,且有 $H = \{0\}$ 或 $H = k\mathbf{Z}$,其中 k 是 H 中的最小正整数。如果 $H \neq \{0\}$,则 H 是无限的。

证明   若 $H = \{0\}$,则结论显然成立。若 $H \neq \{0\}$,则其中有非 0 整数 $a \in H$,由 H 是群得 $-a \in H$,即 H 中有正整数。设其中的最小正整数为 k,对任意的 $a \in H$,存在唯一的一对 q、r,使得 $a = qk + r$,其中 $0 \leqslant r < k$,由 $r = a - qk$ 得 $r \in H$,再由 k 的最小性得 $r = 0$,$a = qk \in k\mathbf{Z}$,所以 $H \subseteq k\mathbf{Z}$。

又对任意的 $a \in k\mathbf{Z}$,存在 $q \in \mathbf{Z}$,使得 $a = kq$。若 $q > 0$,则 a 为 q 个 k 的加法:若 $q < 0$,则 $a = -(-q)k$,为 $-q$ 个 k 的加法再取逆元。所以 $a \in H$,即 $k\mathbf{Z} \subseteq H$。所以 $H = k\mathbf{Z}$,若 $H \neq \{0\}$,则显然是无限的。   证毕。

定理 7.4.15   每个无限循环群同构于 $\langle \mathbf{Z}, + \rangle$。每个阶为 k 的有限循环群同构于 $\langle \mathbf{Z}_k, +_k \rangle$。

证明   定理的后半部分在例 7.3.1 中已经给出。下面用定理 7.4.13 来证明定理 7.4.15。

设循环群 $\langle G, * \rangle$ 的生成元为 g,$G = \{g^n \mid n \in \mathbf{Z}\}$。作映射 $h: \mathbf{Z} \to G, h(n) = g^n$。显然 h 是一个满同态。根据定理 7.4.13,G 同构于 $\dfrac{\mathbf{Z}}{\text{ker}(h)}$,其中 $\text{ker}(h)$ 是 h 的核。由定理 7.3.4,$\text{ker}(h)$ 是 $\mathbf{Z}$ 的子群。再由定理 7.4.14,$\text{ker}(h) = \{0\}$ 或 $k\mathbf{Z}$。

当 $\text{ker}(h) = \{0\}$ 时,$\dfrac{\mathbf{Z}}{\text{ker}(h)} = \mathbf{Z}$,得 G 与 $\mathbf{Z}$ 同构。

当 $\text{ker}(h) = k\mathbf{Z}$ 时,$\dfrac{\mathbf{Z}}{\text{ker}(h)} = \mathbf{Z}_k$,得 G 与 $\mathbf{Z}_k$ 同构。   证毕。

习 题

1. 在整数集 $\mathbf{Z}$ 中定义运算 $\circ$ 如下：对任意的 $a,b\in\mathbf{Z}$，$a\circ b=a+b-2$。证明：$\langle\mathbf{Z},\circ\rangle$ 是群。

2. 设 e 是群 G 的单位元，对任意的 $a\in G$，有 $a^2=e$。证明：G 是 Abel 群。

3. 设 $G=\{(a,b)\,|\,a,b\in R,a\neq0\}$，在 G 中定义运算 $\circ$ 如下：

$$(a,b)\circ(c,d)=(ac,ad+b)$$

(1) 证明：$\langle G,\circ\rangle$ 是群。

(2) 设 $H=\{(1,b)\,|\,b\in R\}$。证明：$\langle H,\circ\rangle$ 是 $\langle G,\circ\rangle$ 的子群。

4. 设 G 为群，$a\in G$，$m,n\in\mathbf{N}$。证明：$\langle a^m\rangle\bigcap\langle a^n\rangle=\langle a^{[m,n]}\rangle$。

5. 设 G 为群，e 为 G 的单位元，H_1、H_2 是 G 的子群，且 $(|H_1|,|H_2|)=1$。证明：$H_1\bigcap H_2=\{e\}$。

6. 设 G 为阶为 p^n 的群，其中 p 为素数，n 为正整数。证明：存在 $a\in G$，使得 $\delta(a)=p$。

7. 设 p,q 是两个不同的素数。证明：阶为 pq 的 Abel 群必为循环群。

8. 设 G 为群，G' 为交换群，$f:G\to G'$ 为群同态，H 是 G 的子群。证明：若 $\ker(f)\subseteq H$，则 H 是 G 的正规子群。

9. 设 H 是 G 的子群，在 G 中定义关系 $R:aRb\Leftrightarrow b^{-1}a\in H$。证明：

(1) R 是等价关系。

(2) aRb 的充要条件是 $aH=bH$。

第8章 环 和 域

8.1 环和域的基本概念

定义 8.1.1 设 R 是非空集合,其上定义了两种运算(通常表示为加法运算+和乘法运算·),满足以下条件:

(1) $\langle R, + \rangle$ 构成 Abel 群。

(2) $\langle R, \cdot \rangle$ 构成半群。

(3) · 对+具有分配律,即对任意的 $a, b, c \in R$,有
$$a \cdot (b+c) = a \cdot b + a \cdot c, \quad (b+c) \cdot a = b \cdot a + c \cdot a$$
则称代数结构 $\langle R, +, \cdot \rangle$ 为环。

若·还满足交换律,即对任意的 $a, b \in R, a \cdot b = b \cdot a$,则称之为交换环。若关于·有单位元 e,即对任意的 $a \in R, e \cdot a = a \cdot e = a$,则称之为有单位元环。

例 8.1.1 $\langle \mathbf{Z}, +, \cdot \rangle$ 是有单位元的交换环。

$\mathbf{Z}$ 对+满足封闭性、结合性,单位元是 0,任意的 $a \in \mathbf{Z}$ 的逆元是 $-a$,有交换性,因此 $\langle \mathbf{Z}, + \rangle$ 是 Abel 群。

$\mathbf{Z}$ 对·满足封闭性、结合性,单位元是 1,因此 $\langle \mathbf{Z}, \cdot \rangle$ 是含有单位元的半群,满足交换律也是显然的。

· 对+的分配律也是显然的。

所以 $\langle \mathbf{Z}, +, \cdot \rangle$ 是有单位元的交换环。

例 8.1.2 $\langle \mathbf{Z}_6, +_6, \times_6 \rangle$ 是有单位元的交换环,其中 $+_6$、$\times_6$ 的定义如下:
$$a +_6 b = (a+b) \bmod 6, \quad a \times_6 b = (ab) \bmod 6$$
$\langle \mathbf{Z}_6, +_6 \rangle$ 是 Abel 群,单位元是 0,a 的逆元是 $6-a$。

$\langle \mathbf{Z}_6, \times_6 \rangle$ 是半群,单位元是 1,交换律是显然的。

$\times_6$ 对 $+_6$ 的分配律是显然的。

所以 $\langle \mathbf{Z}_6, +_6, \times_6 \rangle$ 是有单位元的交换环。

例 8.1.3 多项式集合 $R[x]$ 是指系数取自环 R 上的全体多项式。$R[x]$ 关于多项式的加法+和乘法·构成有单位元的交换环。

$R[x]$ 对+封闭,有结合性,单位元是 $0, f(x) = a_n x^n + a_{n-1} x^{n-1} + \cdots + a_1 x + a_0$ 的逆元是 $-f(x) = -a_n x^n - a_{n-1} x^{n-1} - \cdots - a_1 x - a_0$,+的交换律显然,所以 $\langle R[x], + \rangle$ 构成 Abel 群。

$R[x]$对·满足封闭性、结合性、交换律,单位元是 1,·对+的分配律是显然的,所以 $\langle R[x],+,\cdot\rangle$ 构成有单位元的交换环。

环的运算有以下性质。

定理 8.1.1 设 $\langle R,+,\cdot\rangle$ 是环,则

(1) 对任意的 $a\in R$,$0\cdot a=a\cdot 0=0$,其中 0 是+的单位元。

(2) 对任意的 $a,b\in R$,$(-a)\cdot b=a\cdot(-b)=-(a\cdot b)$。

证明

(1) $0\cdot a=(0+0)\cdot a=0\cdot a+a\cdot 0$,两边同时加上 $0\cdot a$ 的逆元,得 $0\cdot a=0$。同理,有 $a\cdot 0=0$。

(2) $(-a)\cdot b+a\cdot b=(-a+a)\cdot b=0\cdot b=0$,所以 $(-a)\cdot b=-(a\cdot b)$。同理,$a\cdot(-b)=-(a\cdot b)$。   证毕。

·的幂运算为 $a^n=a\cdots a$(n 个 a),有以下性质:

$$a^m\cdot a^n=a^{m+n},\quad (a^n)^m=a^{mn},\quad (a\cdot b)^n=a^n\cdot b^n$$

上面的第 3 式仅对交换环成立。

定理 8.1.2 在任意交换环 R 中,对任意的 $a,b\in R$,

$$(a+b)^n=\sum_{k=0}^{n}\frac{n!}{k!(n-k)!}a^k b^{n-k}$$

证明 对 $(a+b)^n$ 的二项展开式的第 k 项,由 R 的交换性,k 个 a 和 $n-k$ 个 b 不论以什么顺序相乘,都等于 $a^k b^{n-k}$。   证毕。

在例 8.1.2 中,2、3 都是非零元,但 $2\times_6 3=0$,这样的元素称为零因子。

定义 8.1.2 设 a,b 是环 $\langle R,+,\cdot\rangle$ 中的两个非零元,如果 $a\cdot b=0$,则称 a,b 为零因子。在无零因子的环中,若有 $a\cdot b=0$,则必有 $a=0$ 或 $b=0$。

定义 8.1.3 含有单位元的交换环,如果没有零因子,则称之为整环。

例 8.1.4 $\langle \mathbf{Z},+,\cdot\rangle$ 是有单位元的交换环(见例 8.1.1)。任意的 $a,b\in\mathbf{Z}$,$a\neq 0$,$b\neq 0$,$a\cdot b\neq 0$,即无零因子,因此是整环。

例 8.1.5 多项式环 $\langle\mathbf{Z}[x],+,\cdot\rangle$ 是整环。

由例 8.1.3,$\langle\mathbf{Z}[x],+,\cdot\rangle$ 是有单位元的交换环。只需证明它是无零因子的。

设

$$f(x)=a_n x^n+a_{n-1}x^{n-1}+\cdots+a_1 x+a_0$$
$$g(x)=b_m x^m+b_{m-1}x^{m-1}+\cdots+b_1 x+b_0$$
$$f(x)\cdot g(x)=c_{n+m}x^{n+m}+c_{n+m-1}x^{n+m-1}+\cdots+c_1 x+c_0=0$$

则 $c_{n+m}=c_{n+m-1}=\cdots=c_0=0$,由 $c_{n+m}=a_n b_m=0$ 及 $\mathbf{Z}$ 无零因子,得 $a_n=0$ 或 $b_m=0$。由 $c_{n+m-1}=0$ 及 $a_n=0$ 或 $b_m=0$,得 $a_{n-1}=0$ 或 $b_{m-1}=0$……由 $c_0=0$,得 $a_0=0$ 或 $b_0=0$。因此得 $f(x)=0$ 或 $g(x)=0$。

$\langle\mathbf{Z}[x],+,\cdot\rangle$ 是无零因子的,因而是整环。

整环中的元素不一定有逆元,如果每一非零元都有逆元,则称这样的整环为域。可见域的非零元在乘法下构成 Abel 群。

定义 8.1.4 如果 $\langle F,+,\cdot\rangle$ 是整环,$|F|>1$,$\langle F-\{0\},\cdot\rangle$ 是群,则称 $\langle F,+,\cdot\rangle$ 是域。

等价定义如下：

定义 8.1.4′ 设代数系统 $\langle F,+,\cdot\rangle$ 满足以下条件：

(1) $\langle F,+\rangle$ 构成 Abel 群。

(2) $\langle F-\{0\},\cdot\rangle$ 构成 Abel 群。

(3) $\cdot$ 对 $+$ 满足分配律。

则称 $\langle F,+,\cdot\rangle$ 是域。

例 8.1.6 证明 $\langle \mathbf{Z}_p,+_p,\times_p\rangle$ 是域当且仅当 p 是素数。

证明

充分性：由例 7.2.4 知 $\langle \mathbf{Z}_p,+_p\rangle$ 是交换群。由例 7.2.6 知，p 为素数时，$\langle \mathbf{Z}_p^*,\times_p\rangle$ 是交换群。$\times_p$ 对 $+_p$ 的分配律是显然的，所以 $\langle \mathbf{Z}_p,+_p,\times_p\rangle$ 是域。

必要性：反证。若 p 不为素数，则 $p=1$，或 $p=a\cdot b$。当 $p=1$ 时，$\mathbf{Z}_p=\{0\}$ 不是域。当 $p=a\cdot b$ 时，由 $a\times_p b=0$ 得 $a=0$ 或 $b=0$，与无零因子性矛盾。

$\langle \mathbf{Z}_p,+_p,\times_p\rangle$ 是最常见的一个有限域，以后把它记为 F_p。

定理 8.1.3 有限整环一定是域。

证明 设 $\langle R,+,\cdot\rangle$ 是含有 n 个元素 $a_1,a_2,\cdots,a_n$ 的整环，对任意的 $a\in R-\{0\}$，$a\cdot a_1,a\cdot a_2,\cdots,a\cdot a_n$ 必定两两不同，否则由 $a\cdot a_i=a\cdot a_j$ 得 $a_i=a_j$。所以 $a\cdot a_1$，$a\cdot a_2,\cdots,a\cdot a_n$ 遍历 R 的元素，R 中有单位元 1，所以必有 $i\in\{1,2,\cdots,n\}$ 使得 $a\cdot a_i=1$，a_i 即为 a 的逆元，即 $R-\{0\}$ 中每一元素都有逆元，$\langle R,+,\cdot\rangle$ 是域。 证毕。

各种代数结构的包含关系如图 8.1.1 所示。

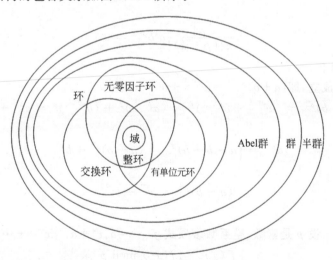

图 8.1.1 各种代数结构的包含关系

对域中的乘法单位元 e 做连加运算 $e+e+\cdots+e=ne$，有以下定义。

定义 8.1.5 满足 $ne=0$ 的最小正整数 n 称为域的特征，其中 0 为乘法的零元。

定理 8.1.4 设域的特征为 n，则对域的任一非零元 a，有 $na=0$。

证明

$$na=a+a+\cdots+a=e\cdot a+e\cdot a+\cdots+e\cdot a=(e+e+\cdots+e)\cdot a$$

$$= (ne) \cdot a = 0 \cdot a = 0$$

证毕。

特征和元素的阶的比较：阶是满足 $a^m = e$ 的最小 m，它刻画了元素幂的周期性；特征刻画了元素在加法运算下的周期性。

例 8.1.7 $\langle \mathbf{N}_p, +_p, \times_p \rangle$ 的特征为 p，其中 p 为素数。

证明 $\mathbf{N}_p$ 的乘法单位元 1，$p \times_p 1 = p \equiv 0 \bmod p$。

特征有以下性质。

定理 8.1.5 域的特征或为 0 或为素数。

证明 若特征不为 0，假设 n 不是素数，则有 $n = n_1 n_2$，其中 $0 < n_1, n_2 < n$，使得

$$ne = (n_1 n_2)e = (n_1 e) \cdot (n_2 e) = 0$$

因为域无零因子，所以有 $n_1 e = 0$ 或 $n_2 e = 0$，与特征的最小性矛盾。

证毕。

定理 8.1.6 设 F 的特征是素数 p，则对任意的 $a, b \in F, m \in \mathbf{N}$，有

$$(a+b)^{p^m} = a^{p^m} + b^{p^m}, \quad (a-b)^{p^m} = a^{p^m} - b^{p^m}$$

证明 对 m 用归纳法，$m = 1$ 时，由定理 8.1.2，有

$$(a+b)^p = a^p + \sum_{k=1}^{p-1} \frac{p!}{k!(p-k)!} a^k b^{p-k} + b^p$$

对于 $1 \leqslant k \leqslant p-1$，有 $(p, k!(p-k)!) = 1$，从而

$$p \mid p \frac{(p-1)!}{k!(p-k)!}$$

所以

$$\frac{p!}{k!(p-k)!} a^k b^{p-k} = 0$$

得 $(a+b)^p = a^p + b^p$。

设 $m-1$ 时成立，即 $(a+b)^{p^{m-1}} = a^{p^{m-1}} + b^{p^{m-1}}$，则

$$(a+b)^{p^m} = (a^{p^{m-1}} + b^{p^{m-1}})^p = (a^{p^{m-1}})^p + (b^{p^{m-1}})^p = a^{p^m} + b^{p^m}$$

由

$$a^{p^m} = (a-b+b)^{p^m} = (a-b)^{p^m} + b^{p^m}$$

得

$$(a-b)^{p^m} = a^{p^m} - b^{p^m}$$

证毕。

定理 8.1.7 设 p 是素数，整系数多项式 $f(x) = a_n x^n + a_{n-1} x^{n-1} + \cdots + a_1 x + a_0$，则

$$f(x)^p = f(x^p) \bmod p$$

证明 在有限域 F_p 上考虑，$f(x) \in F_p[x]$（系数取自 F_p 上的多项式），F_p 的特征为 p，由定理 8.1.5，有

$$f(x)^p = a_n^p (x^p)^n + a_{n-1}^p (x^p)^{n-1} + \cdots + a_1^p x^p + a_0^p$$
$$= a_n (x^p)^n + a_{n-1} (x^p)^{n-1} + \cdots + a_1 x^p + a_0 = f(x^p)$$

其中，$a_i^p \equiv a_i \bmod p$ 由 Fermat 定理（定理 3.5.2）可得。

证毕。

8.2 子环和理想

定义 8.2.1 给定一个环 $\langle R,+,\cdot\rangle$,如果代数系统 $\langle S,+,\cdot\rangle$ 满足以下条件,就称之为环 $\langle R,+,\cdot\rangle$ 的子环。

(1) $S\subseteq R$。

(2) 对任意的 $a,b\in S$,有 $a+b\in S,-a\in S$。

(3) 对任意的 $a,b\in S$,有 $a\cdot b\in S$。

条件(1)、(2)保证了 $\langle S,+\rangle$ 是 Abel 群,(3)保证了 $\langle S,\cdot\rangle$ 是半群,S 上的分配律由 R 上的分配律继承,所以 $\langle S,+,\cdot\rangle$ 是环。

定义 8.2.2 设 $\langle R,+,\cdot\rangle$ 和 $\langle S,\oplus,\odot\rangle$ 都是环,映射 $h:R\rightarrow S$,满足:对任意的 $a,b\in R$,有

$$h(a+b) = h(a) \oplus h(b), \quad h(a\cdot b) = h(a)\odot h(b)$$

则称 h 是 $\langle R,+,\cdot\rangle$ 到 $\langle S,\oplus,\odot\rangle$ 的环同态。

其中,$h(a+b)=h(a)\oplus h(b)$ 保证了 $\langle R,+\rangle$ 到 $\langle S,\oplus\rangle$ 的群同态,$h(a\cdot b)=h(a)\odot h(b)$ 保证了 $\langle R,\cdot\rangle$ 到 $\langle S,\odot\rangle$ 的半群同态,而且 h 保持了运算的分配律,这是因为

$$h(a\cdot(b+c)) = h(a\cdot b+a\cdot c) = h(a\cdot b) \oplus h(a\cdot c)$$
$$= h(a)\odot h(b) \oplus h(a)\odot h(c)$$
$$= h(a)\odot(h(b) \oplus h(c))$$

定义 8.2.3 设 $\langle D,+,\cdot\rangle$ 是 $\langle R,+,\cdot\rangle$ 的子环,若对任意的 $a\in R,d\in D$,都有 $a\cdot d\in D$ 和 $d\cdot a\in D$,则称 $\langle D,+,\cdot\rangle$ 是 $\langle R,+,\cdot\rangle$ 的理想。

显然 $D=R$ 和 $D=\{0\}$ 都是 R 的理想,称为平凡理想。

定理 8.2.1 环 $\langle R,+,\cdot\rangle$ 的子集 $\langle D,+,\cdot\rangle$ 是理想的充要条件如下:

(1) 对任意的 $a,b\in D,a-b\in D$。

(2) 对任意的 $r\in R$ 和任意的 $a\in D$,有 $ra\in D$。

证明

必要性:(1) $\langle D,+,\cdot\rangle$ 是理想,$\langle D,+\rangle$ 是 $\langle R,+\rangle$ 的子群,所以对任意的 $a,b\in D$,有

$$a+(-b) = a-b \in D$$

(2) 由理想的定义可得。

充分性:对任意的 $a\in D$,因 $0\in D$,所以 $-a=0-a\in D$。再对任意的 $a,b\in D$,$-b\in D$,有 $a+b=a-(-b)\in D$。对任意的 $r\in D\subseteq R$ 和任意的 $a\in D$,有 $ra\in D$。所以由定义 8.2.1,$\langle D,+,\cdot\rangle$ 是 $\langle R,+,\cdot\rangle$ 的子环。再由条件(2)得该子环是理想。 证毕。

设 $\langle D,+,\cdot\rangle$ 是 $\langle R,+,\cdot\rangle$ 的理想,由 $\langle D,+\rangle$ 和 $\langle R,+\rangle$ 都是 Abel 群知,$\langle D,+\rangle$ 是 $\langle R,+\rangle$ 的正规子群,因此有商群 $\left\langle\dfrac{R}{D},\oplus\right\rangle$,其中,

$$\frac{R}{D} = \{a+D \mid a\in R\}, \quad (a+D) \oplus (b+D) = (a+b)+D$$

又,在 $\dfrac{R}{D}$ 上定义乘法如下:

$$(a+D) \odot (b+D) = a \cdot b + D$$

该定义是良定的,即以加法陪集中任一元素作为代表元素,运算都成立。设 $a+D=a'+D, b+D=b'+D$,则存在 $r_1, r_2 \in D$,使得 $a=a'+r_1, b=b'+r_2$。

因 D 是理想,所以 $r_1 b', a' r_2, r_1 r_2 \in D$,从而

$$\begin{aligned}
(a+D) \odot (b+D) &= a \cdot b + D = (a'+r_1) \cdot (b'+r_2) + D \\
&= a'b' + a'r_2 + r_1 b' + r_1 r_2 + D \\
&= a' \cdot b' + D = (a'+D) \odot (b'+D)
\end{aligned}$$

又易证 $\odot$ 对 $\oplus$ 有分配律,所以有以下结论。

定理 8.2.2 设 $\langle D, +, \cdot \rangle$ 是 $\langle R, +, \cdot \rangle$ 的理想,定义 $\langle \dfrac{R}{D}, \oplus, \odot \rangle$ 如下:

$$\frac{R}{D} = \{a+D \mid a \in R\}$$
$$(a+D) \oplus (b+D) = (a+b) + D$$
$$(a+D) \odot (b+D) = (a \cdot b) + D$$

则 $\langle \dfrac{R}{D}, \oplus, \odot \rangle$ 是环,称为 R 关于 D 的商环。

当 R 是交换环或有单位元时,$\dfrac{R}{D}$ 也是交换环或有单位元。

例 8.2.1 令 $H = n\mathbf{Z}$,易证 $\langle H, +, \cdot \rangle$ 是 $\langle \mathbf{Z}, +, \cdot \rangle$ 的理想,$\mathbf{Z}$ 关于 H 的商环是 $\langle \dfrac{\mathbf{Z}}{H}, +_n, \times_n \rangle$,其中 $\dfrac{\mathbf{Z}}{H} = \{a+H \mid a \in \mathbf{Z}\}$ 的元素记为

$$[0] = 0+H, \quad [1] = 1+H, \quad [2] = 2+H, \cdots, [n-1] = n-1+H$$

若 $n=p$ 为素数时,$\langle \dfrac{\mathbf{Z}}{H}, +_n, \times_n \rangle$ 是域。类似于在模 p 的简化剩余系中可以用一个元素代表一个简化剩余类,也可以把 $\dfrac{\mathbf{Z}}{H}$ 中的每个元素(陪集)用代表元素表示,因此 $\dfrac{\mathbf{Z}}{H} = \{0, 1, 2, \cdots, p-1\}$,$+_p$ 和 $\times_p$ 分别是模 p 加法和模 p 乘法。这个域就是前面介绍过的 F_p。

环同态的性质与群同态的性质类似,有以下结论。

定理 8.2.3 设 h 是环 R 到环 R' 的同态,则 h 的核 $\ker(h)$ 是 R 的理想。反过来,如果 D 是环 R 的理想,则 $s: R \to \dfrac{R}{D}, s(a) = a+D$ 是核为 D 的同态,称为 R 到 $\dfrac{R}{D}$ 的自然同态。

定理 8.2.4 设 h 是环 R 到环 R' 的满同态,则存在唯一的 $\dfrac{R}{\ker(h)}$ 到 R' 的同构

$$f: r + \ker(h) \to h(r)$$

使得 $h = f \circ s$,其中 s 是 R 到 $\dfrac{R}{\ker(h)}$ 的自然同态。

8.3 多项式环

在例 8.1.3 中,如果 R 是环,则 $\langle R[x], +, \cdot \rangle$ 构成有单位元的交换环,其中 $R[x]$ 是系数取自 R 上的所有多项式集合,$+$ 和 $\cdot$ 分别是多项式加法和乘法。与例 8.1.5 类似,

如果 R 是整环,则 $\langle R[x],+,\cdot\rangle$ 也是整环。

$\langle R[x],+,\cdot\rangle$ 上的运算除了 $+$ 和 $\cdot$ 外,还有除法、求最大公因式、求最小公倍式等运算。

定理 8.3.1 设 $f(x)\in R[x]$。

(1) $\alpha\in F$ 是 $f(x)$ 的根,当且仅当 $(x-\alpha)\,|\,f(x)$。

(2) 若 $\deg f=n$,则 $f(x)$ 至多有 n 个根。

证明类似于定理 4.4.3 和定理 4.4.4,略。

定理 8.3.2 设 $f(x),g(x)\in R[x]$,

$$f(x)=a_nx^n+a_{n-1}x^{n-1}+\cdots+a_1x+a_0$$

$$g(x)=x^m+b_{m-1}x^{m-1}\cdots+b_1x+b_0,\quad m\geqslant 1$$

则一定存在 $q(x),r(x)\in R[x]$,使得 $f(x)=q(x)g(x)+r(x)$,其中 $\deg r<\deg g$。

证明 与定理 4.4.1 的证明类似。

定理 8.3.2 称为多项式 Euclid 除法。

定义 8.3.1 在定理 8.3.2 中,如果 $r(x)=0$,即 $f(x)=q(x)g(x)$,就称 $g(x)$ 整除 $f(x)$,记为 $g(x)\,|\,f(x)$,称 $g(x)$ 是 $f(x)$ 的因式,$f(x)$ 是 $g(x)$ 的倍式。

定义 8.3.2 设 $f(x)\in R[x]$,如果 $f(x)$ 的因式除了 1 和自己外,没有其他因式,则称 $f(x)$ 为不可约多项式。

例 8.3.1 x^2+1 在 $\mathbf{Z}[x]$ 中是不可约的,但在 $F_2[x]$ 中,$x^2+1=(x+1)(x+1)$,可见多项式是否可约与所在的环或域有关。

定义 8.3.3 设 $f(x),g(x)\in R[x]$,满足以下两个条件的 $d(x)\in R[x]$ 称为 $f(x)$、$g(x)$ 的最大公因式:

(1) $d(x)\,|\,f(x),d(x)\,|\,g(x)$。

(2) 若 $h(x)\,|\,f(x),h(x)\,|\,g(x)$,则 $h(x)\,|\,d(x)$。

$f(x)$、$g(x)$ 的最大公因式记为 $(f(x),g(x))$。

设 $f(x),g(x)\in R[x]$,满足以下两个条件的 $D(x)\in R[x]$ 称为 $f(x)$、$g(x)$ 的最小公倍式:

(1) $f(x)\,|\,D(x),g(x)\,|\,D(x)$。

(2) 若 $f(x)\,|\,h(x),g(x)\,|\,h(x)$,则 $D(x)\,|\,h(x)$。

$f(x)$、$g(x)$ 的最小公倍式记为 $[f(x),g(x)]$。

$R[x]$ 上的多项式广义 Euclid 除法如下:

设 $f(x),g(x)\in R[x]$,$g(x)\neq 0$,记 $r_{-1}(x)=f(x)$,$r_0(x)=g(x)$。反复做以下除法:

$$r_{-1}=q_1r_0+r_1 \qquad 0<\deg r_1<\deg r_0$$

$$\vdots$$

$$r_{k-2}=q_kr_{k-1}+r_k \qquad 0<\deg r_k<\deg r_{k-1}$$

$$r_{k-1}=q_{k+1}r_k+r_{k+1} \qquad \deg r_{k+1}=0$$

经过有限步后,必有 $\deg r_{k+1}=0$,这是因为

$$0=\deg r_{k+1}<\deg r_k<\cdots<\deg r_1<\deg r_0=\deg g$$

定理 8.3.3 在上述多项式广义 Euclid 除法中，$(f(x), g(x)) = r_k(x)$。且存在 $s(x), t(x) \in R[x]$，使得

$$s(x)f(x) + t(x)g(x) = (f(x), g(x))$$

证明与整数的广义 Euclid 算法类似，略。

例 8.1.6 已证明 $\langle \mathbf{Z}_p, +_p, \times_p \rangle$ 是域，把它记为 F_p。下面考虑 F_p 上的多项式集合 $\langle F_p[x], +, \cdot \rangle$，其中 $+$ 和 $\cdot$ 是多项式加法和乘法。首先在 $F_p[x]$ 上寻找一个理想，然后以此理想构造其上的商环。

引理 8.3.1 对任意的 $f(x) \in F_p[x]$，$f(x)$ 的所有倍式构成的集合 $I_f[x]$ 是 $\langle F_p[x], +, \cdot \rangle$ 的理想。

证明 （1）对任意的 $h(x), g(x) \in I_f[x]$，有

$$h(x) = h_1(x)f(x), \quad g(x) = g_1(x)f(x)$$

所以

$$h(x) - g(x) = [h_1(x) - g_1(x)]f(x) \in I_f[x]$$

（2）对任意的 $h(x) \in I_f[x]$，$k(x) \in F_p[x]$，存在 $h_1(x) \in F_p[x]$ 使得

$$h(x) = h_1(x)f(x)$$
$$k(x)h(x) = k(x)h_1(x)f(x) = h_2(x)f(x)$$

其中，

$$h_2(x) = k(x)h_1(x) \in F_p[x]$$

所以 $h_2(x)f(x) \in I_f[x]$。由定理 8.2.1 知 $I_f[x]$ 是理想。 证毕。

以理想 $I_f[x]$ 对 $F_p[x]$ 进行加法陪集划分，就形成了商环 $\left\langle \dfrac{F_p[x]}{I_f[x]}, \oplus, \odot \right\rangle$，其中，

$$\frac{F_p[x]}{I_f[x]} = \{\overline{a(x)} = a(x) + I_f(x) \mid a(x) \in F_p[x]\}$$

对任意的 $\overline{a(x)}, \overline{b(x)} \in I_f[x]$，有

$$\overline{a(x)} = a(x) + I_f(x), \quad \overline{b(x)} = b(x) + I_f[x]$$
$$\overline{a(x)} \oplus \overline{b(x)} = a(x) + b(x) + I_f[x] = \overline{a(x) + b(x)}$$
$$\overline{a(x)} \odot \overline{b(x)} = a(x)b(x) + I_f[x] = \overline{a(x)b(x)}$$

又因

$$\overline{a(x)} \oplus \overline{b(x)} \equiv (a(x) + b(x)) \bmod f(x)$$
$$\overline{a(x)} \odot \overline{b(x)} \equiv (a(x) \cdot b(x)) \bmod f(x)$$

所以商环 $\left\langle \dfrac{F_p[x]}{I_f[x]}, \oplus, \odot \right\rangle$ 中的元素就可以取为陪集中的代表元素，运算 $\oplus$ 和 $\odot$ 可以分别取为模 $f(x)$ 的多项式加法和乘法。

如果 $f(x)$ 是不可约多项式，得到的商环是域。

定理 8.3.4 设 n 次多项式 $f(x) \in F_p[x]$ 是不可约的，则以 $f(x)$ 为模构成的多项式商环是一个有 p^n 个元素的有限域，记为 $\mathrm{GF}(p^n)$。

证明 在上述商环中，乘法的单位元是 1，乘法是可交换的，且 $\dfrac{F_p[x]}{I_f[x]}$ 中的任一元素

$g(x)$（注：代表元素）在模 $f(x)$ 运算下是可逆的,这是因为 $f(x)$ 是不可约的,$g(x){\nmid}f(x)$,$(g(x),f(x))=1$。

由多项式的广义 Euclid 除法,存在 $s(x),t(x)\in F_p[x]$,使得
$$s(x)g(x)+t(x)f(x)=1$$
所以
$$s(x)\equiv g(x)^{-1}\bmod f(x)$$

证毕。

设 $f(x)=a_mx^m+a_{m-1}x^{m-1}+\cdots+a_1x+a_0$,以 $f(x)$ 为模得到的多项式次数最多为 $m-1$,这样的多项式有 p^m 个,即 $\dfrac{F_p[x]}{I_f[x]}$ 中的元素（注：代表元素）有 p^m 个。把这个有限域记为 $GF(p^m)$,为了一致,把 F_p 记为 $GF(p)$。$GF(p)$ 和 $GF(p^m)$ 是元素个数有限的域,也叫 Galois 域。

 习　题

1. 证明：环 R 无零因子 $\Leftrightarrow$ 环 R 中消去律成立。

2. 令 $R=\left\{\begin{bmatrix} a & b \\ 0 & 0 \end{bmatrix}\middle| a、b\text{ 为实数}\right\}$。证明：$R$ 关于矩阵加法和矩阵乘法构成环。

3. 设 $\langle R,+,\cdot\rangle$ 是环,$r\in R$ 是 R 中的一个固定元素,对任意的 $a,b\in R$,定义运算 $a\oplus b=a+b-r,a\circ b=ab-ar-rb+r^2+r$。证明：$\langle R,\oplus,\circ\rangle$ 也是环。

4. 设 R 是特征为素数 p 的交换环。证明：对任意的 $a_1,a_2,\cdots,a_k\in R,n,k\in\mathbf{N},k\geqslant 2$,有
$$(a_1+a_2+\cdots+a_k)^{p^n}=a_1^{p^n}+a_2^{p^n}+\cdots+a_k^{p^n}$$

5. 证明定义 8.1.4 和定义 8.1.4$'$ 等价。

6. 证明定理 8.2.3。

7. 证明定理 8.2.4。

8. 设 $f(x)=x^2-a\in F_5[x]$,确定使得 $f(x)$ 为 F_5 上不可约多项式的所有 a。

第 9 章 有 限 域

9.1 有限域的性质

9.1.1 有限域上的运算

由定理 8.3.4 知，以 $F_p[x]$ 上的 m 次不可约多项式 $f(x)$ 为模可以构成有限域 $\mathrm{GF}(p^m)$。

例 9.1.1 取 $F_2[x]$ 上的 3 次多项式 $f(x)=x^3+x+1$，因为 $f(0)=f(1)=1$，所以 $f(x)$ 在 F_2 上没有根，因此 $f(x)$ 是不可约的（注：3 次多项式若能分解，必有一次因式）。以 $f(x)$ 为模构成有限域 $\mathrm{GF}(2^3)$，其中的元素形式为 $a_2 x^2 + a_1 x + a_0 (a_i \in F_2)$。加法运算为

$$(a_2 x^2 + a_1 x + a_0) + (b_2 x^2 + b_1 x + b_0) = (a_2 + b_2)x^2 + (a_1 + b_1)x + (a_0 + b_0)$$

乘法运算为

$$(a_2 x^2 + a_1 x + a_0)(b_2 x^2 + b_1 x + b_0) = a_2 b_2 x^4 + (a_2 b_1 + a_1 b_2)x^3 + (a_2 b_0 + a_1 b_1 + a_0 b_2)x^2$$
$$+ (a_1 b_0 + a_0 b_1)x + a_0 b_0$$

但

$$x^3 \equiv x+1 \bmod f(x), \quad x^4 \equiv x^2 + x \bmod f(x)$$

所以，

$$(a_2 x^2 + a_1 x + a_0)(b_2 x^2 + b_1 x + b_0) = (a_2 b_2 + a_2 b_0 + a_0 b_2)x^2$$
$$+ (a_2 b_2 + a_2 b_1 + a_1 b_2 + a_1 b_0 + a_0 b_1)x$$
$$+ (a_2 b_1 + a_1 b_2 + a_0 b_0)$$

可见这种乘法运算比较复杂。下面用元素的幂表示 $\mathrm{GF}(p^m)$ 元素，以简化计算过程。

首先求出 x 模 $f(x)$ 的各次幂，得

$$x^0 \equiv 1 \bmod f(x), \quad x^1 \equiv x \bmod f(x), \quad x^2 \equiv x^2 \bmod f(x), \quad x^3 \equiv x+1 \bmod f(x),$$

$$x^4 \equiv x^2 + x \bmod f(x), \quad x^5 \equiv x^3 + x^2 \bmod f(x) \equiv x^2 + x + 1 \bmod f(x),$$

$$x^6 \equiv x^3 + x^2 + x \bmod f(x) \equiv x^2 + 1 \bmod f(x),$$

$$x^7 \equiv x^3 + x \bmod f(x) \equiv 1 \bmod f(x)$$

可见 x 模 $f(x)$ 的幂具有周期 7。

如果用向量 (a_2, a_1, a_0) 表示元素 $a_2 x^2 + a_1 x + a_0$，例如 $\alpha = (0,1,0)$ 表示的是 x，这样 $\mathrm{GF}(2^3)$ 中非 0 的元素可有 α 的幂、向量、α 的多项式 3 种表示法，如表 9.1.1 所示。

表 9.1.1　GF(2^3)中元素的表示

k	α^k	(a_2,a_1,a_0)	$a_2\alpha^2+a_1\alpha+a_0$
0	1	001	1
1	α	010	α
2	α^2	100	α^2
3	α^3	011	$\alpha+1$
4	α^4	110	$\alpha^2+\alpha$
5	α^5	111	$\alpha^2+\alpha+1$
6	α^6	101	α^2+1

因此,如果已知 $a=(110)$,$b=(111)$,求 $a\cdot b$ 时,用 α^4 代替 a,用 α^5 代替 b,得 $a\cdot b=\alpha^4\cdot\alpha^5=\alpha^9=\alpha^2=(100)$,从而使得计算大为简化。

9.1.2　有限域的加法结构

设有限域为 F,用 1 表示它的乘法单位元,构造 F 的元素序列 $u_0=0,u_s=u_{s-1}+1,s=1,2,3,\cdots$,显然满足

$$u_{s+t}=u_s+u_t,\quad u_{st}=u_s\cdot u_t \tag{9.1.1}$$

因为 F 是有限的,元素序列必将重复,设 $u_k=u_{k+p}$ 是首个重复的元素,而 $u_0,u_1,u_2,\cdots,u_{k+p-1}$ 两两不同。由 $u_{k+p}=u_k+u_p$ 得 $u_k=u_{k+p}=u_k+u_p$,$u_p=0$,即 0 是序列中首次出现重复的元素。按照序列的构造,有 $u_p=p\cdot1$,所以 $p\cdot1=0$,p 为 F 的特征。由定理 8.1.5,p 为素数。由式(9.1.1),集合 $\{u_0,u_1,u_2,\cdots,u_{p-1}\}$ 对 $+$ 和 $\cdot$ 运算封闭,形成 F 的子域。作 $\{u_0,u_1,u_2,\cdots,u_{p-1}\}$ 到 $F_p=\{0,1,2,\cdots,p-1\}$ 的同构 $h(u_i)=i(0\leqslant i\leqslant p-1)$,得 F_p 是 F 的子域。可将 F 看作 F_p 上的向量空间,设 $w_1,w_2,\cdots,w_m$ 是向量空间的一组基,则对任意的 $\alpha\in F$,有 $a_i\in F_p(1\leqslant i\leqslant n)$,使得 $\alpha=a_1w_1+a_2w_2+\cdots+a_mw_m$,因为每个 a_i 有 p 个取值,可得以下定理。

定理 9.1.1　任一有限域 F 的元素个数 q 一定是素数的幂,即 $q=p^m$,其中 p 为素数。

定理 9.1.2　F 的特征等于 F_p 的特征。

证明　对任意的 $\alpha\in F$,有 $a_i\in F_p(1\leqslant i\leqslant m)$,使得

$$\alpha=a_1w_1+a_2w_2+\cdots+a_mw_m,$$
$$p\alpha=(pa_1)w_1+(pa_2)w_2+\cdots+(pa_m)w_m=0$$

因 p 是满足 $pa_i=0(1\leqslant i\leqslant m)$ 的最小整数,所以 p 是使得 $p\alpha=0$ 的最小整数。　　证毕。

9.1.3　有限域的乘法结构

记 $q=p^m$,$F=\mathrm{GF}(q)$,$F^*=F-\{0\}$。对任意的 $\alpha\in F^*$,构造 α 的幂 $\alpha^0=1,\alpha,\alpha^2,\cdots$,由乘法的封闭性,每个 $\alpha^i\in F^*$。但 F^* 中的元素有限,幂序列必有重复,设 $\alpha^k=\alpha^{k+t}$ 是首次重复,得 $\alpha^t=1$,t 就是 α 的阶 $\delta_q(\alpha)$,称 α 为 t 次单位原根。

定义 9.1.1　设 $\alpha\in\mathrm{GF}(q)$,α 的阶为 $\delta_q(\alpha)=t$,即满足 $\alpha^t=1 \bmod q$ 的最小 t,称 α 为

t 次单位原根。若 $\delta_q(\alpha)=q-1$,则 α 就是模 q 的原根。

由定理 6.1.7,这样的原根一定存在。因此有以下结论。

定理 9.1.3 任一有限域的全体非 0 元素在域的乘法运算下构成循环群。

若能找到 F^* 的一个原根,则 F^* 的所有元素都可由原根的幂得到。

定理 9.1.4 已知 $\mathrm{GF}(q)$,则任意的 $\beta\in\mathrm{GF}(q)$ 当且仅当 $\beta^q=\beta$。

证明 因 $\mathrm{GF}(q)-\{0\}$ 在乘法运算下是阶为 $q-1$ 的循环群,设 α 是循环群的生成元,即模 q 的原根,$\delta_q(\alpha)=q-1$。对任意的 $\beta\in\mathrm{GF}(q)$,若 $\beta=0$,则 $\beta^q=\beta$。若 $\beta\neq0$,则存在整数 i,使得 $\beta=\alpha^i$。因此 $\beta^{q-1}=(\alpha^i)^{q-1}=(\alpha^{q-1})^i=1$,所以 $\beta^q=\beta$。反之,若 $\beta^q=\beta,\beta^{q-1}=1$,则 β 一定是 α 的幂,即 $\beta\in\mathrm{GF}(q)-\{0\}$。 证毕。

如何求原根?如果所考虑的域较小,可利用乘法循环群的性质,逐一检查域中元素看是否为原根。对大的域,Gauss 提出了用于求原根的一个算法,该算法产生出一系列元素 $\alpha_1,\alpha_2,\cdots,\alpha_k$,满足

$$\delta(\alpha_1)<\delta(\alpha_2)<\cdots<\delta(\alpha_k)=q-1$$

即元素的阶是递增的,最后达到 $q-1$。

Gauss 算法如下:

(1) 设 $i=1$,在 $\mathrm{GF}(q)$ 中任取一个非 0 元素 α_1,设 $\delta(\alpha_1)=t_1$。

(2) 如果 $t_i=q-1,\alpha_i$ 是原根,返回。

(3) 在 $\mathrm{GF}(q)$ 中任取一个非 0 元素 β,使得 β 不是 α_i 的幂。设 $\delta(\beta)=s$,如果 $s=q-1$,则设 $\alpha_{i+1}=\beta$,返回。

(4) 求 $d\mid t_i,e\mid s$,满足 $(d,e)=1$ 且 $d\cdot e=[t_i,s]$。设 $\alpha_{i+1}=\alpha_i^{\frac{t_i}{d}}\cdot\beta^{\frac{s}{e}}$,$t_{i+1}=[t_i,s]$,$i=i+1$,转向(2)。

注:

(1) 在第(3)步中,因为 $\alpha_i^{t_i}=1$,考虑方程 $x^{t_i}=1$,它的解必是 α_i 的幂,所以 β 不是方程的解,因此 $s=\delta(\beta)\nmid t_i$,$[t_i,s]$ 一定是 t_i 的倍数,$t_i<[t_i,s]$。

(2) 在第(4)步中,按照定理 1.2.15 可得 d、e。

(3) 在第(4)步中,由 $\delta(\alpha_i^{\frac{t_i}{d}})=d,\delta(\beta^{\frac{s}{e}})=e$ 及 $(d,e)=1$,由定理 6.1.4 得 $\delta(\alpha_{i+1})=d\cdot e=[t_i,s]=t_{i+1}$。

例 9.1.2 在 $F_5[x]$ 上取一个二次多项式 $f(x)=x^2-2$,因为在 F_5 上 2 是二次非剩余,即 $f(x)=0$ 无解,$f(x)$ 是不可约的,以 $f(x)$ 为模构成有限域 $\mathrm{GF}(5^2)$,其中的元素用向量表示为 $(a,b),a,b\in F_5=\{0,1,2,3,4\}$,加法运算为

$$(a_1,b_1)+(a_2,b_2)=(a_1+a_2,b_1+b_2)$$

其中 a_1+a_2 和 b_1+b_2 都是模 5 的运算,下同。为了定义乘法,先将元素 (a,b) 写成模 $f(x)$ 的一次多项式 $ax+b$。

$$(a_1x+b_1)(a_2x+b_2)=a_1a_2x^2+(a_1b_2+a_2b_1)x+b_1b_2$$
$$=(a_1b_2+a_2b_1)x+(b_1b_2+2a_1a_2)$$

其中,$x^2\equiv2\bmod(x^2-2)$。所以乘法定义如下:

$$(a_1,b_1)\cdot(a_2,b_2)=(a_1b_2+a_2b_1,2a_1a_2+b_1b_2)$$

下面用 Gauss 算法求原根。

首先取 $\alpha_1=(1,0)$，求 $\delta_{25}(\alpha_1)$。α_1 的各次幂如表 9.1.2 所示。

表 9.1.2 α_1 的各次幂

i	0	1	2	3	4	5	6	7	8
α_1^i	(0,1)	(1,0)	(0,2)	(2,0)	(0,4)	(4,0)	(0,3)	(3,0)	(0,1)

所以，$\delta_{25}(\alpha_1)=8$，即 $t_1=8$。因 $t_1\neq q-1=24$，转向第 (3) 步。选 $\beta=(1,1)$，它不是 α 的幂，求 $\delta_{25}(\beta)$。β 的各次幂如表 9.1.3 所示。

表 9.1.3 β 的各次幂

i	0	1	2	3	4	5	6	7	8	9	10	11	12
β^i	(0,1)	(1,1)	(2,3)	(0,2)	(2,2)	(4,1)	(0,4)	(4,4)	(3,2)	(0,3)	(3,3)	(1,4)	(0,1)

所以，$\delta(\beta)=12$，即 $s=12\neq q-1=24$，转向第 (4) 步。$t_1=8=2^3$，$s=12=2^2\cdot3$，取 $d=2^3=8$，$e=3$，$d\cdot e=[t_1,s]=24$，所以

$$\alpha_2=\alpha_1^{\frac{t}{d}}\cdot\beta^{\frac{s}{e}}=\alpha_1\cdot\beta^4=(1,0)\cdot(2,2)=(2,4)$$

即为原根。

9.2　有限域的构造

9.2.1　最小多项式

由定理 8.3.4 知，若能求出 $F_p[x]$ 上的 m 次不可约多项式 $f(x)$，就可构造有限域 $\mathrm{GF}(p^m)$。下面讨论如何求 $f(x)$。为此先介绍最小多项式。

设 F 是有限域，由定理 9.1.1 知，F 的元素个数是 $q=p^m$，其中 p 为素数，且在定理 9.1.1 的证明中可将 F 看作 F_p 上的 m 维向量空间。设 $\alpha\in F$ 是任一元素，考虑 $1,\alpha$，$\alpha^2,\cdots,\alpha^m$，这 $m+1$ 个元素一定是线性相关的，即存在 F_p 上不全为 0 的 $m+1$ 个元素 A_0，$A_1,A_2,\cdots,A_m$，使得 $A_0+A_1\alpha+A_2\alpha^2+\cdots+A_m\alpha^m=0$。

设 $A(x)=A_0+A_1x+A_2x+\cdots+A_mx^m$，则 α 满足多项式方程 $A(\alpha)=0$。当然，α 也可能满足其他多项式方程。设 $S(\alpha)=\{f(x)\in F_p[x]:f(\alpha)=0\}$。又设 $p(x)$ 是 $S(\alpha)$ 中次数最低的，则对任意的 $f(x)\in S(\alpha)$，由多项式除法，存在唯一的一对 $q(x)$、$r(x)$，使得

$$f(x)=q(x)p(x)+r(x)$$

其中 $\deg r<\deg p$。由 $f(\alpha)=p(\alpha)=0$ 得 $r(\alpha)=0$，与 $p(x)$ 的次数最低性矛盾，所以 $r(x)=0$。因此对任意的 $f(x)\in S(\alpha)$，有 $p(x)\mid f(x)$。若规定 $p(x)$ 是首一（首项系数为 1）的，则易证 $p(x)$ 是唯一的。$p(x)$ 一定也是不可约的，若 $p(x)=a(x)\cdot b(x)$，则有 $p(\alpha)=a(\alpha)\cdot b(\alpha)$，由有限域上乘法的无零因子性，知 $a(\alpha)=0$ 或 $b(\alpha)=0$，与 $p(\alpha)$ 的次数最低性矛盾。

由以上讨论可得定理 9.2.1。

定理 9.2.1　设 F 是有 p^m 个元素的有限域，对任意的 $\alpha\in F$，存在一个唯一的首一多

项式 $p(x) \in F_p[x]$,有以下性质:

(1) $p(\alpha) = 0$。

(2) $\deg p \leqslant m$。

(3) 对任意的 $f(x) \in F_p[x]$,如果 $f(\alpha) = 0$,则 $p(x) \mid f(x)$。

称 $p(x)$ 是 α 在 F_p 上的最小多项式。

例 9.2.1 在例 9.1.2 的域 $F = GF(5^2)$ 中,取 $\alpha = (1,0)$,由 $\alpha^0 = 1$,得 α 对应的最小多项式是 $x-1$。一般地,对任意的 $\alpha \in F$,若 $\alpha \in F_p$,那么它的最小多项式是 $x-\alpha$;若 $\alpha \notin F_p$,$x-\alpha$ 就不是最小多项式(因为它的系数不全在 F_p 中)。

考虑 α 的幂:

$$\alpha^0 = 1 = (0,1), \quad \alpha^1 = (1,0), \quad \alpha^2 = (0,2)$$

这 3 个向量是线性相关的,由此得 $\alpha^2 - 2 \cdot 1 = 0$,所以 α 的最小多项式是 $x^2 - 2$。按照这种方法可得 α 的各次幂的最小多项式如表 9.2.1 所示。

表 9.2.1 α 的各次幂的最小多项式

i	0	1	2	3	4	5	6	7
α^i	(0,1)	(1,0)	(0,2)	(2,0)	(0,4)	(4,0)	(0,3)	(3,0)
最小多项式	$x-1$	x^2-2	$x-2$	x^3-3	$x-4$	x^2-2	$x-3$	x^2-3

下面求原根 $\beta = (2,4)$ 的最小多项式,为此先求 β 的幂 $\beta^0 = 1 = (0,1)$,$\beta^1 = (2,4)$,$\beta^2 = (1,4)$,得 $\beta^2 = 3 \cdot \beta + 2 \cdot 1$,由此得 β 的最小多项式是 $x^2 - 3x - 2$ 或 $x^2 + 2x + 3$。原根对应的最小多项式叫本原多项式,用本原多项式表示有限域会更为方便。

由定理 9.1.2 知,F 的特征等于 F_p 的特征 p,由定理 8.1.6 知,若 α 是最小多项式 $p(x)$ 的根,则 α^p 也是 $p(x)$ 的根。同理,α^{p^2},α^{p^3},$\cdots$ 都是 $p(x)$ 的根,由 F 上乘法的封闭性,这些根都在 F 上,但 F 是有限的,因此这些根构成的序列一定是重复的。设 $\alpha^{p^i} = \alpha^{p^j}$,不妨设 $j < i$,则 $1 = \alpha^{p^j(p^{i-j}-1)}$,所以 $\delta(\alpha) \mid p^j(p^{i-j}-1)$。又因 $\delta(\alpha) \mid p^n - 1$,$(\delta(\alpha), p^j) = 1$,所以 $\delta(\alpha) \mid p^{i-j}-1$,即 $\alpha^{p^{i-j}-1} = 1$,$\alpha^{p^{i-j}} = \alpha$ 即为重复。设 $t = \delta(\alpha)$,则 $t \mid p^{i-j}-1$。

定义 9.2.1 设 F 是有 $q = p^m$ 个元素的有限域,$\alpha \in F$ 的阶为 $\delta_q(\alpha) = t$,称满足 $p^d \equiv 1 \bmod t$ 的最小的正整数 d 为 α 的次数,记为 $\deg(\alpha)$。称 α 的 d 个不同的幂 $\alpha, \alpha^p, \alpha^{p^2}, \cdots, \alpha^{p^{d-1}}$ 为 α 关于 F_p 的共轭根系。

定理 9.2.2 表明以 α 的共轭根系为根的多项式一定是 α 的最小多项式。

定理 9.2.2 设 F 是有 $q = p^m$ 个元素的有限域,$\alpha \in F$,则以 α 的共轭根系构造的多项式 $f_a(x) = (x-\alpha)(x-\alpha^p)(x-\alpha^{p^2})\cdots(x-\alpha^{p^{d-1}})$ 是 α 在 F_p 上的最小多项式,其中 d 是 α 的次数。

证明 设

$$f_a(x) = (x-\alpha)(x-\alpha^p)(x-\alpha^{p^2})\cdots(x-\alpha^{p^{d-1}})$$
$$= A_d x^d + A_{d-1} x^{d-1} + \cdots + A_1 x + A_0$$

由定理 8.1.6 得

$$f_a(x)^p = A_d^p (x^p)^d + A_{d-1}^p (x^p)^{d-1} + \cdots + A_1^p x^p + A_0^p$$

又
$$f_a(x)^p = f_a(x^p) = A_d(x^p)^d + A_{d-1}(x^p)^{d-1} + \cdots + A_1 x^p + A_0$$

所以 $A_i^p = A_i(0 \leqslant i \leqslant d)$，由定理 9.1.4 得 $A_i \in F_p$。

所以，$f_a(x)$ 是 F_p 上以 α 为根的多项式，由 d 的取法知，$f_a(x)$ 是满足条件的次数最低的多项式。　　　　　　　　　　　　　　　　　　　　　　　　　　证毕。

由定理 9.2.2 可见，定义 9.2.1 给出的 α 的次数就是 α 的最小多项式的次数。

例 9.2.2　设
$$f(x) = x^4 + x + 1 \in F_2[x]$$

则 $f(0) = f(1) = 1$，所以 $f(x)$ 在 F_2 上是不可约的，以 $f(x)$ 为模可构造 $\mathrm{GF}(2^4)$。取 $f(x) = 0$ 的一个根 $\alpha = (0,1,1,0) \in \mathrm{GF}(2^4)$。$i = 0,1,2,\cdots,6$ 时 α 的幂、阶及次数如表 9.2.2 所示。

表 9.2.2　元素的幂、阶及次数

i	0	1	2	3	4	5	6
α^i	0001	0010	0100	1000	0011	0110	1100
$\delta(\alpha^i)$	1	15	15	5	15	3	5
$\deg(\alpha)$	1	4	4	4	4	2	4

可见 $\delta(\alpha) = 15$，α 为原根，$f(x) = x^4 + x + 1$ 为本原多项式。

当 $i = 0$ 时，$\alpha^i = 1$，$\deg(\alpha) = 1$，最小多项式为 $x - 1$，即 $x + 1$，为一次的。

当 $i = 1$ 时，$\alpha^1 = \alpha$，$\deg(\alpha) = 4$，α 的共轭根系为 $\alpha, \alpha^2, \alpha^4, \alpha^8$，最小多项式为 $(x - \alpha)(x - \alpha^2)(x - \alpha^4)(x - \alpha^8)$，展开并利用 $\alpha^4 = \alpha + 1$ 得 $x^4 + x + 1$。

当 $i = 2$ 时，α^2 对应的共轭根系为 $\alpha^2, \alpha^4, \alpha^8, \alpha^{16}(= \alpha)$，和 $i = 1$ 时相同，因此最小多项式仍为 $x^4 + x + 1$，次数仍为 $\deg(\alpha) = 4$。

当 $i = 3$ 时，共轭根系为 $\alpha^3, \alpha^6, \alpha^{12}, \alpha^{24}(= \alpha^9)$，最小多项式为
$$(x - \alpha^3)(x - \alpha^6)(x - \alpha^{12})(x - \alpha^9) = x^4 + x^3 + x^2 + x + 1$$
$i = 4, 5, \cdots, 15$ 的情况类似，略。

9.2.2　有限域的存在性和唯一性

到目前我们已经知道，已知素数 p，整数在模 p 下的运算构成有限域，记为 F_p。本节进一步以 $F_p[x]$ 上的 m 次不可约多项式 $f(x)$ 为模构造有限域 $\mathrm{GF}(p^m)$。下面考虑对哪些素数 p 及整数 m，这样的不可约多项式存在，是否存在除 $\mathrm{GF}(p^m)$ 以外其他类型的有限域。

为此，先给出子域的概念。

设 F 是有限域，E 是 F 的子集，如果 E 本身也形成域，则称之为 F 的子域。设 E 的元素个数为 q，在定理 9.1.1 的证明中，可将 F 看作 E 上的向量空间，E 看作 F_p 上的向量空间，所以 $q = p^m$，$|F| = q^n = p^{mn}$。

对任意的 $\alpha \in F$，α 在 E 上的最小多项式就是定理 9.2.1 中将 F_p 改为 E 得到的 $p(x)$。

由定理 9.1.4 可得以下定理。

定理 9.2.3 设 E 是 F 的子域，$|E|=q$，则对任意的 $\beta\in F$，$\beta\in E$ 当且仅当 $\beta^q=\beta$。特别地，E 中每一元素 x 满足方程 $x^q-x=0$。

同样，由子域 E 上的共轭根系可得子域上的最小多项式。

定理 9.2.4 设 F 是具有 q^n 个元素的有限域，E 是 F 的子域，$|E|=q$。对任意的 $\alpha\in F$，α 关于 E 的最小多项式为

$$f_\alpha(x)=(x-\alpha)(x-\alpha^q)(x-\alpha^{q^2})\cdots(x-\alpha^{q^{d-1}})$$

其中，d 是 α 关于 E 的次数，即 d 是满足 $q^d\equiv 1 \bmod t(t=\delta_q(\alpha))$ 的最小整数。

定理 9.2.5 说明 $x^{q^n}-x$ 能分解为子域上的首一不可约多项式的乘积。

定理 9.2.5 设 E 是具有 q 个元素的有限域，则

$$x^{q^n}-x=\prod_{d|n}V_d(x)$$

其中，$V_d(x)$ 是 E 上所有 d 次首一不可约多项式的乘积。

证明 设 d 是 n 的因子，$f(x)$ 是 E 上 d 次首一多项式，以 $f(x)$ 为模构造有限域 F，$|F|=q^d$，对任意的 $\alpha\in F$，由定理 9.1.4，$\alpha^{q^d}=\alpha$，因此 $f(x)|x^{q^d}-x$。又由定理 1.3.3 的推论 $x^{q^d}-x|x^{q^n}-x$，可得 $f(x)|x^{q^n}-x$。反过来，设 $f(x)$ 是 E 上一个 d 次多项式，$f(x)|x^{q^n}-x$。以 $f(x)$ 为模构造的有限域是 $\mathrm{GF}(q^d)$，取 $\alpha\in\mathrm{GF}(q^d)$ 满足 $f(\alpha)=0$，则 α 也满足 $\alpha^{q^n}-\alpha=0$，$\alpha^{q^n}=\alpha$，所以 $\alpha\in\mathrm{GF}(q^n)$。令 $\beta\in\mathrm{GF}(q^d)$ 为原根，则 $\alpha=\beta^i$，所以

$$(\beta^i)^{q^n}=\beta^i,\quad \beta^{i(q^n-1)}=1,\quad \delta_q(d)=q^d-1|i(q^n-1)$$

由 $i<q^d-1$，得 $q^d-1|q^n-1$，又由定理 1.3.2 的推论知 $d|n$。 证毕。

例 9.2.3 设 $q=2$，$n=4$，由定理 9.2.5 知 $x^{16}+x$ 能分解为 F_2 上的 1 次、2 次、4 次首一不可约多项式的乘积，具体分解见 9.3 节。

$x^{16}+x=(x^4+x+1)(x^4+x^3+1)(x^4+x^3+x^2+x+1)(x^2+x+1)(x+1)x$

$V_1(x)=x^2+x$

$V_2(x)=x^2+x+1$

$V_4(x)=x^{12}+x^9+x^6+x^3+1$

比较定理 9.2.5 两边多项式的次数，可得如下推论。

推论 $q^n=\sum_{d|n}dI_d$，其中 I_d 为不同的 d 次首一不可约多项式的个数。

由定理 2.3.2(Möbius 反变换)得

$$I_n=\frac{1}{n}\sum_{d|n}\mu(d)q^{\frac{n}{d}}$$

I_n 为具有 q 个元素的有限域上 n 次不可约多项式的个数。上式中 $d=1$ 对应 q 的最高次项，所以有

$$I_n\approx\frac{q^n}{n}$$

因为 n 次多项式的总数是 q^n，从中随机取一个，得到不可约多项式的概率是 $\frac{1}{n}$。

由 I_n 的算式可得以下各式：

$$I_1=q$$

$$I_2 = \frac{1}{2}(q^2 - q)$$

$$I_3 = \frac{1}{3}(q^3 - q)$$

$$I_4 = \frac{1}{4}(q^4 - q^2)$$

$$I_5 = \frac{1}{5}(q^5 - q)$$

$$I_6 = \frac{1}{6}(q^6 - q^3 - q^2 + q),$$

...

可见 I_n 从不为 0,例如 I_6,从 $\frac{6I_6}{q} = q^5 - q^2 - q + 1$ 得 $\frac{6I_6}{q} \equiv 1 \bmod q$,所以 $I_6 \neq 0$,即 6 次不可约多项式是一定存在的。一般地,有以下结论。

定理 9.2.6 设 E 是具有 q 个元素的有限域,对任意整数 $n \geq 1$,在 E 上至少存在一个 n 次不可约多项式。

由定理 9.2.6 可得以下结论:对任何形如 $q = p^m$ 的正整数,其中 p 为素数,在域 F_p 上一定存在 m 次不可约多项式 $f(x)$,多项式集合 $F_p[x]$ 以 $f(x)$ 为模即构成有限域 GF(p^m)。

下面考虑阶为 $q = p^m$ 的有限域是否唯一。设 E 是阶为 $q = p^m$ 的另一有限域,下面将证明 E 和 GF(p^m) 是同构的。

将 E 看作 F_p 上的 m 维向量空间,将 F_p 看作 E 的子域。考虑 $x^{p^m} - x$ 在 E 和 F_p 上的分解。

由定理 9.1.4 知,任意的 $\beta \in E$,$\beta^{p^m} - \beta = 0$,即 β 是 $x^{p^m} - x$ 的根,所以

$$x^{p^m} - x = \prod_{\beta \in E}(x - \beta)$$

另外,$x^{p^m} - x$ 在 F_p 上能分解为所有次数整除 m 的首一不可约多项式的乘积(特别地,包括 $f(x)$),即

$$x^{p^m} - x = f(x)J(x)$$

其中,$J(x) \in F_p[x]$,次数为 $p^m - m$,至多有 $p^m - m$ 个根。

比较两个分解式,任意的 $\beta \in E$,$f(\beta)J(\beta) = 0$。所以 $f(x)$ 在 E 中有 m 个根,设 α 是其中的一个根,则 m 个元素 $\{1, \alpha, \alpha^2, \cdots, \alpha^{m-1}\}$ 一定是线性无关的。否则,存在不全为 0 的 λ,使得

$$\sum_{k=0}^{m-1}\lambda_k \alpha^k = 0$$

那么,

$$\lambda(x) = \lambda_0 + \lambda_1 x + \lambda_2 x^2 + \cdots + \lambda_{m-1}x^{m-1}$$

是 $F_p[x]$ 中以 α 为根的多项式,取 $g(x) = (\lambda(x), f(x))$,由于 $f(x)$ 是不可约的,必有 $g(x) = 1$。但由于 $\lambda(\alpha) = f(\alpha) = 0$,$g(\alpha) = 0$ 矛盾。因此 $\{1, \alpha, \alpha^2, \cdots, \alpha^{m-1}\}$ 形成 E 的一组基(将 E 看作向量空间),对任意的 $\beta, \beta' \in E$,设

$$\beta = \sum_{k=0}^{m-1}\lambda_k \alpha^k, \quad \beta' = \sum_{k=0}^{m-1}\lambda_k' \alpha^k$$

又设

$$\beta(x) = \sum_{k=0}^{m-1} \lambda_k x^k, \quad \beta'(x) = \sum_{k=0}^{m-1} \lambda_k' x^k$$

则

$$\beta(x) \cdot \beta'(x) \equiv r(x) \bmod f(x)$$

其中，

$$r(x) = r_0 + r_1 x + r_2 x^2 + \cdots + r_{m-1} x^{m-1}, \quad r_i \in F_p$$

由 $f(\alpha) = 0$ 得 $\beta(\alpha) \cdot \beta'(\alpha) = r(\alpha)$，即 $\beta \cdot \beta' = r$。

所以 E 中的乘法运算和 $\mathrm{GF}(p^m)$ 中的乘法运算是一样的，E 是用向量空间表示的 $\mathrm{GF}(p^m)$，E 和 $\mathrm{GF}(p^m)$ 同构。

可得以下结论。

定理 9.2.7 对任意素数幂 p^m，存在唯一的（在同构意义下）有限域 $\mathrm{GF}(p^m)$。

下面考虑 $\mathrm{GF}(p^m)$ 的子域的形式。

定理 9.2.8 已知 $\mathrm{GF}(p^m)$，对任意的 $d \mid m$，$\mathrm{GF}(p^m)$ 包含子域 $\mathrm{GF}(p^d)$。

证明 设 $E = \mathrm{GF}(p^d)$ 是 $\mathrm{GF}(p^m)$ 的子域，对任意的 $\alpha \in E$，由定理 9.1.4，$\alpha^{p^d} = \alpha$，即 α 是方程 $x^{p^d} - x = 0$ 的根。又由 $\alpha \in E \subseteq \mathrm{GF}(p^m)$，$\alpha$ 也是方程 $x^{p^m} - x = 0$ 的根，所以有 $x^{p^d} - x \mid x^{p^m} - x$，得 $d \mid m$。

反过来，设 $d \mid m$，由定理 9.2.7，存在唯一的有限域 $\mathrm{GF}(p^d)$。下面证明 $\mathrm{GF}(p^d)$ 是 $\mathrm{GF}(p^m)$ 的子域。对任意的 $\alpha \in \mathrm{GF}(p^d)$，$\alpha$ 满足 $x^{p^d} - x = 0$，由 $d \mid m$ 得

$$x^{p^d} - x \mid x^{p^m} - x$$

因此 α 也是 $x^{p^m} - x$ 的根，即 $\alpha \in \mathrm{GF}(p^m)$。所以 $\mathrm{GF}(p^d)$ 是 $\mathrm{GF}(p^m)$ 的子集。

对任意的 $\alpha, \beta \in \mathrm{GF}(p^d)$，由定理 8.1.6 得

$$(\alpha - \beta)^{p^d} = \alpha^{p^d} - \beta^{p^d} = \alpha - \beta$$

即 $\alpha - \beta \in \mathrm{GF}(p^d)$，而

$$(\alpha\beta^{-1})^{p^d} = \alpha^{p^d} (\beta^{p^d})^{-1} = \alpha\beta^{-1}$$

即 $\alpha\beta^{-1} \in \mathrm{GF}(p^d)$，所以 $\mathrm{GF}(p^d)$ 是 $\mathrm{GF}(p^m)$ 的子域。　　　　　　　证毕。

例 9.2.4 设 $n = 12$，n 的因子形成的哈斯图如图 9.2.1 所示，$\mathrm{GF}(2^{12})$ 的子域形成的哈斯图如图 9.2.2 所示。

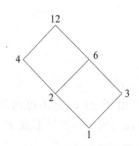

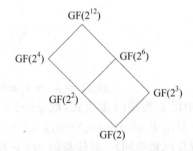

图 9.2.1　12 的因子哈斯图　　　　　图 9.2.2　有限域 $\mathrm{GF}(2^{12})$ 的子域哈斯图

从有限域子域的哈斯图还可以看出：

$$\mathrm{GF}(p^m) \bigcap \mathrm{GF}(p^n) = \mathrm{GF}(p^{(m,n)})$$

证明留作练习。

9.3 有限域上多项式的分解

2.3 节给出了 Möbius 变换及反变换:

$$F(n) = \sum_{d|n} f(d), \quad f(n) = \sum_{d|n} \mu(d) F\left(\frac{n}{d}\right) = \sum_{d|n} \mu\left(\frac{n}{d}\right) F(d)$$

在其中,若将运算取为乘法,则得

$$F(n) = \prod_{d|n} f(d), \quad f(n) = \prod_{d|n} F\left(\frac{n}{d}\right)^{\mu(d)} = \prod_{d|n} F(d)^{\mu\left(\frac{n}{d}\right)}$$

其中,$F(d)^0 = 1$,$F(d)^{-1}$ 为 $F(d)$ 的逆元。因此,在定理 9.2.5 的等式

$$x^{q^n} - x = \prod_{d|n} V_d(x)$$

中,利用定理 2.3.2,即 Möbius 反变换,得

$$V_n(x) = \prod_{d|n} (x^{q^d} - x)^{\mu\left(\frac{n}{d}\right)}$$

例 9.3.1 设 $q=2, n=6$,则得

$$V_6(x) = \frac{(x^2-x)(x^{64}-x)}{(x^8-x)(x^4-x)} = \frac{(x-1)(x^{63}-1)}{(x^7-1)(x^3-1)}$$

因此 $V_6(x)$ 是 54 次多项式。由定理 9.2.5,它等于 9 个 6 次不可约多项式的乘积。

下面考虑如何求这些不可约多项式。为此,先介绍分圆多项式的概念。

设 α 是 $\mathrm{GF}(q)$ 的 n 阶元素,也称 α 为 n 次单位原根,则 $G(\alpha) = \{1, \alpha, \alpha^2, \cdots, \alpha^{n-1}\}$ 是由 α 生成的 $\mathrm{GF}(q) - \{0\}$ 的乘法子群,对任意的 $\alpha^i \in G(\alpha)$,有

$$(\alpha^i)^n - 1 = (\alpha^n)^i - 1 = 0$$

即 α^i 是 $x^n - 1 = 0$ 的根,所以

$$x^n - 1 = (x-1)(x-\alpha)(x-\alpha^2)\cdots(x-\alpha^{n-1}) = \prod_{i=0}^{n-1}(x-\alpha^i)$$

有以下定理。

定理 9.3.1 在含有 n 次单位原根 α 的任意域上,有

$$x^n - 1 = \prod_{i=0}^{n-1}(x-\alpha^i)$$

因为

$$\delta(\alpha^i) = \frac{\delta(\alpha)}{(i, \delta(\alpha))}$$

即 α^i 的阶是 α 的阶 n 的因子,在上述分解式中,把 α^i 按 n 的因子 d 分类得

$$x^n - 1 = \prod_{d|n} \Phi_d(x)$$

其中,

$$\Phi_d(x) = \prod_{\delta(\alpha^i)=d}(x-\alpha^i)$$

由定理 6.1.3 的推论 2 知,阶为 d 的元素有 $\varphi(d)$ 个。因此 $\Phi_d(x)$ 是次数为 $\varphi(d)$ 的首一不可约多项式,称它为第 d 个分圆多项式。由定理 2.3.2 得

$$\Phi_n(x) = \prod_{d \mid n} (x^d - 1)^{\mu(\frac{n}{d})} = \prod_{d \mid n} (x^{\frac{n}{d}} - 1)^{\mu(d)}$$

例 9.3.2 分解 GF(2) 上的 $x^{15} - 1$。

解

$$x^{15} - 1 = \Phi_1(x)\Phi_3(x)\Phi_5(x)\Phi_{15}(x)$$

其中,

$\Phi_1(x) = x - 1$

$\Phi_3(x) = (x-1)^{\mu(3)}(x^3-1)^{\mu(1)} = (x-1)^{-1}(x^3-1) = x^2 + x + 1$

$\Phi_5(x) = (x-1)^{\mu(5)}(x^5-1)^{\mu(1)} = (x-1)^{-1}(x^5-1) = x^4 + x^3 + x^2 + x + 1$

$\Phi_{15}(x) = (x-1)^{\mu(15)}(x^3-1)^{\mu(5)}(x^5-1)^{\mu(3)}(x^{15}-1)^{\mu(1)}$

$\quad = (x-1)(x^3-1)^{-1}(x^5-1)^{-1}(x^{15}-1)$

$\quad = x^8 + x^7 + x^5 + x^4 + x^3 + x + 1$

例 9.3.3 将例 9.3.1 中的

$$V_6(x) = \frac{(x-1)(x^{63}-1)}{(x^7-1)(x^3-1)}$$

用分圆多项式表示如下:

$$V_6(x) = \frac{\Phi_1(x)\Phi_1(x)\Phi_3(x)\Phi_7(x)\Phi_9(x)\Phi_{21}(x)\Phi_{63}(x)}{\Phi_1(x)\Phi_7(x)\Phi_1(x)\Phi_3(x)} = \Phi_9(x)\Phi_{21}(x)\Phi_{63}(x)$$

下面考虑分圆多项式的分解。

定理 9.3.2 设 p 为素数,$(p,n)=1$,则对任意整数 $k \geqslant 1$,有以下性质:

(1) $\Phi_{np^k}(x) = \Phi_{np}(x^{p^{k-1}})$。

(2) $\Phi_{np^k}(x) = \dfrac{\Phi_n(x^{p^k})}{\Phi_n(x^{p^{k-1}})}$。

(3) 在特征为 p 的有限域上,$\Phi_{np^k}(x) = \Phi_n(x)^{p^k - p^{k-1}}$。

证明

(1) $$\Phi_{np^k}(x) = \prod_{d \mid np^k} (x^{\frac{np^k}{d}} - 1)^{\mu(d)}$$

但当 $p^2 \mid d$ 时,$\mu(d) = 0$,所以

$$\Phi_{np^k}(x) = \prod_{d \mid np} ((x^{p^{k-1}})^{\frac{np}{d}} - 1)^{\mu(d)} = \Phi_{np}(x^{p^{k-1}})$$

(2) 在(1)中,将 np 的因子 d 分为能被 p 整除和不能被 p 整除两部分。对 $p \nmid d$,有

$$\Phi_{np^k}(x) = \prod_{d \mid n} ((x^{p^k})^{\frac{n}{d}} - 1)^{\mu(d)} = \Phi_n(x^{p^k})$$

对 $p \mid d$,在 $d \mid np$ 中将除数和被除数同除以 p,并将 $\dfrac{d}{p}$ 表示为新的 d,有

$$\Phi_{np^k}(x) = \prod_{d \mid n} \left(x^{\frac{np^{k-1}}{d}} - 1 \right)^{\mu(pd)} = \prod_{d \mid n} ((x^{p^{k-1}})^{\frac{n}{d}} - 1)^{-\mu(d)} = \Phi_n(x^{p^{k-1}})^{-1}$$

其中,由 $\mu(x)$ 的积性得 $\mu(pd)=\mu(p)\mu(d)=-\mu(d)$。

(3) 在特征为 p 的有限域中,
$$\Phi(x^{p^k})=\Phi(x)^{p^k}, \quad \Phi_n(x^{p^{k-1}})=\Phi(x)^{p^{k-1}}$$
从而得(3)。 证毕。

例 9.3.4 求 $\Phi_{72}(x)$。

解 由定理 9.3.2 的(1),有
$$\Phi_{72}(x)=\Phi_{8\cdot9}(x)=\Phi_{8\cdot3^2}(x)=\Phi_{8\cdot3}(x^3)=\Phi_{3\cdot2^3}(x^3)=\Phi_6((x^3)^{2^2})=\Phi_6(x^{12})$$
$$=x^{24}-x^{12}+1$$
由定理 9.3.2 的(2),有
$$\Phi_{72}(x)=\frac{\Phi_8(x^9)}{\Phi_8(x^3)}=\frac{x^{36}+1}{x^{12}+1}=x^{24}-x^{12}+1$$
若在特征为 3 的域上,由定理 9.3.2 的(3),有
$$\Phi_{72}(x)=\Phi_8(x)^6=(x^4+1)^{3\cdot2}=(x^{12}+1)^2=x^{24}+2x^{12}+1$$
类似地,在任何特征为 2 的域上,有
$$\Phi_4(x)=\Phi_1(x)^2=(x+1)^2$$
$$\Phi_6(x)=\Phi_3(x)=x^2+x+1$$
$$\Phi_8(x)=\Phi_1(x)^4=(x+1)^4$$

设有限域 E 的阶 $|E|=q$,元素 $\alpha\in E$ 的阶为 n,即 $\alpha^n\equiv1 \bmod (q-1)$,又设 α 关于 E 的次数为 m,即 $q^m\equiv1 \bmod n$,由定理 9.2.4,α 关于 E 的最小多项式 $f_\alpha(x)$ 为 m 次。而由 α 构造的分圆多项式 $\Phi_n(x)$ 为 $\varphi(n)$ 次。因此可将 $\Phi_n(x)$ 分解为 $\frac{\varphi(n)}{m}$ 个最小多项式。

例 9.3.5 在 $GF(2)$ 上分解 $\Phi_7(x)$。

解 $n=7,q=2$,由 $q^m\equiv1 \bmod n$ 得 $2^m\equiv1 \bmod 7$,$m=3$,$\varphi(7)=6$,所以 $\Phi_7(x)$ 能分解成两个不可约的 3 次多项式。设 $\alpha\in GF(2^3)$ 的阶为 7,则两个不可约多项式为
$$f_1(x)=(x-\alpha)(x-\alpha^2)(x-\alpha^4)$$
$$f_2(x)=(x-\alpha^3)(x-\alpha^6)(x-\alpha^5)$$
如果 α 满足 $\alpha^3=\alpha+1$,则
$$f_1(x)=x^3+x+1, \quad f_2(x)=x^3+x^2+1$$

例 9.3.6 在 $GF(3)$ 上分解 $\Phi_{180}(x)$。

解 由定理 9.3.2 得 $\Phi_{180}(x)=(\Phi_{20}(x))^6$。由 $3^4\equiv1 \bmod 20$,得 $m=4$,所以 $\Phi_{20}(x)$ 可分解为 $\frac{\varphi(20)}{4}=2$ 个不可约的 4 次多项式。如果 α 是 $GF(3^4)$ 上的阶为 20 的元素,则两个不可约多项式为
$$f_1(x)=(x-\alpha)(x-\alpha^3)(x-\alpha^9)(x-\alpha^7)$$
$$f_{11}(x)=(x-\alpha^{11})(x-\alpha^{13})(x-\alpha^{19})(x-\alpha^{17})$$

下面考虑 $\Phi_n(x)$ 在 $GF(q)$ 上的直接分解。因为 $\Phi_n(x)$ 可分解为 $\frac{\varphi(n)}{m}$ 个最小多项式,则当 $m=\varphi(n)$ 时,$\Phi_n(x)$ 就是不可约的,此时 $q^{\varphi(n)}\equiv1 \bmod n$,即 q 是模 n 的原根。由定

理 6.1.9 知模 n 存在原根的充要条件是 $n=1,2,4,p^{\alpha},2p^{\alpha}$,其中 p 是奇素数。而 q 是模 n 的简化剩余类构成的循环群的生成元。例如 $n=7$,模 7 的原根有 3 和 5,即 $q=3,5$,$\Phi_7(x)=x^6+x^5+x^4+x^3+x^2+x+1$ 在 GF(3) 或 GF(5) 上是不可约的。

$n=8$ 时,$\varphi(8)=4$,但不存在模 8 的原根,因此 $\Phi_8(x)=x^4+1$ 在任何 GF(q) 上都是可约的。

$\Phi_n(x)$ 在 GF(2) 上不可约,当且仅当 2 是模 n 的原根,即 2 的阶为 $\varphi(n)$。这样的 n 为 $3,5,9,11,13,19,25,29,\cdots$,相应的 $\Phi_n(x)$ 的次数是 $d=2,4,6,10,12,18,20,28,\cdots$。

当 $m\neq\varphi(n)$ 时,$\Phi_n(x)$ 的分解按定理 9.3.3 进行。定理 9.3.3 也可分解系数在 GF(q) 上的任何多项式。

定理 9.3.3 设 $F=\mathrm{GF}(q)$,$f(x)\in F[x]$ 是 n 次首一多项式,如果 $h(x)\in F[x]$ 满足

$$h(x)^q \equiv h(x) \bmod f(x) \tag{9.3.1}$$

那么

$$f(x) = \prod_{s\in F}(f(x),h(x)-s) \tag{9.3.2}$$

其中 $(f(x),h(x)-s)$ 是 $f(x)$ 与 $h(x)-s$ 的最大公因式。

证明 由定理 9.2.5,y^q-y 在 F 上分解为一次首一多项式的乘积,即

$$y^q - y = \prod_{s\in F}(y-s)$$

所以对任意的 $h(x)\in F[x]$,有

$$h(x)^q - h(x) = \prod_{s\in F}(h(x)-s)$$

由式(9.3.1),$f(x) \mid h(x)^q - h(x)$,即 $f(x) \mid \prod_{s\in F}(h(x)-s)$,所以有

$$f(x) \mid \prod_{s\in F}(f(x),h(x)-s)$$

另一方面,对任意的 $s\in F$,有 $(f(x),h(x)-s)\mid f(x)$。且当 $s_1\neq s_2$ 时,$h(x)-s_1$ 和 $h(x)-s_2$ 互素,因此 $(f(x),h(x)-s_1)$ 和 $(f(x),h(x)-s_2)$ 互素,两者的最小公倍式为

$$[(f(x),h(x)-s_1),(f(x),h(x)-s_2)] = (f(x),h(x)-s_1)\cdot(f(x),h(x)-s_2)$$

对任意的 $s\in F$,$\{(f(x),h(x)-s);s\in F\}$ 的最小公倍式是 $\prod_{s\in F}(f(x),h(x)-s)$。所以

$$\prod_{s\in F}(f(x),h(x)-s) \mid f(x)$$

因此有

$$f(x) = \prod_{s\in F}(f(x),h(x)-s)$$

证毕。

如果存在 $s\in F$,使得 $h(x)\equiv s \bmod f(x)$,则定理 9.3.3 中 $f(x)$ 的分解式中的一项就是 $f(x)$,其他项为 0。

定理 9.3.4 说明,如果 $f(x)$ 能被两个或多个不同的不可约多项式整除,那么存在满足式(9.3.1)的 $h(x)$,使得 $f(x)$ 的分解是非平凡的。

在 $F[x]$ 上以 $f(x)$ 为模的多项式集合是多项式环,可把这个环看作 F 上的 n 维向量空间 $V(f)$,取 $\{1,x,x^2,\cdots,x^{n-1}\}$ 为 $V(f)$ 的一组基。将 $V(f)$ 中满足式(9.3.1)的多项式

集合记为 $R(f)$。$R(f)$ 是 $V(f)$ 的子空间,这是因为对任意的 $h_1(x),h_2(x)\in R(f),s_1,s_2\in V(f)$有

$$(s_1h_1(x)+s_2h_2(x))^q=s_1h_1(x)^q+s_2h_2(x)^q=s_1h_1(x)+s_2h_2(x)$$

由定理 9.1.4,有

$$s_1h_1(x)+s_2h_2(x)\in R(f)$$

定理 9.3.4 设 $f(x)=\prod_{i=1}^{m}p_i(x)^{e_i}$,其中 $p_i(x)$ 是不同的不可约首一多项式。$R(f)$ 的维数等于该式中的 m。

证明 任意的 $h(x)\in R(f)$当且仅当

$$f(x)\mid\prod_{s\in F}(h(x)-s)$$

所以对任意的 $i\in\{1,2,\cdots,m\}$,有 $p_i(x)^{e_i}\mid h(x)-s_i$,即

$$h(x)\equiv s_i\bmod p_i(x)^{e_i} \tag{9.3.3}$$

反过来,对 F 的任意子集 $\{s_1,s_2,\cdots,s_m\}$,存在唯一的 $h(x)\in V(f)$满足式(9.3.3)。这是因为,对任意的 $i\in\{1,2,\cdots,m\}$,定义

$$f_i=p_i(x)^{e_i},\quad F_i=\prod_{\substack{j=1\\j\neq i}}^{m}f_j(x),\quad (F_i,f_i)=1$$

所以存在唯一的多项式 $G_i\in V(f)$,使得 $F_iG_i\equiv 1\bmod f_i$,由中国剩余定理定义

$$h(x)=\sum_{i=1}^{m}s_iF_iG_i$$

即满足式(9.3.3)。

因此,$R(f)$ 和 $\{s_1,s_2,\cdots,s_m\}$ 之间是一一对应的,后者有 q^m 个元素,因此 $R(f)$ 有 q^m 个元素,即维数为 m。 证毕。

例 9.3.7 设 $f(x)=x^4+x+1,q=2$。又设 $h(x)=h_0+h_1x+h_2x^2+h_3x^3$,式(9.3.1)变为

$$h_0+h_1x^2+h_2x^4+h_3x^6\equiv h_0+h_1x+h_2x^2+h_3x^3\bmod f(x)$$

由 $x^4\equiv x+1\bmod f(x)$ 和 $x^6\equiv x^3+x^2\bmod f(x)$,上式变为

$$(h_0+h_2)+h_2x+(h_1+h_3)x^2+h_3x^3\equiv h_0+h_1x+h_2x^2+h_3x^3\bmod f(x)$$

化简得

$$h_2+(h_2-h_1)x+(h_1-h_2+h_3)x^2=0$$

从而得到以下方程组:

$$\begin{cases}h_2=0\\h_2-h_1=0\\h_1-h_2+h_3=0\end{cases}$$

解得 $h_1=h_2=h_3=0$。所以满足条件的 $h(x)=h_0$,为 1 或 0。$R(f)$ 中只有两项,维数为 1。

例 9.3.8 在 GF(2) 上分解 $f(x)=x^5+x+1$。

解 设

$$h(x)=h_0+h_1x+h_2x^2+h_3x^3+h_4x^4$$

由

$$x^6 \equiv x^2 + x \bmod f(x), \quad x^8 \equiv x^4 + x^3 \bmod f(x)$$

式(9.3.1)变为

$$h_0 + h_1 x^2 + h_2 x^4 + h_3 x^6 + h_4 x^8 \equiv h_0 + h_1 x + h_2 x^2 + h_3 x^3 + h_4 x^4 \bmod f(x)$$

化简得

$$(h_1 + h_3)x + (h_1 + h_2 + h_3)x^2 + (h_3 + h_4)x^3 + h_2 x^4 \equiv 0 \bmod f(x)$$

从而得到以下方程组：

$$\begin{cases} h_1 + h_3 = 0 \\ h_1 + h_2 + h_3 = 0 \\ h_3 + h_4 = 0 \\ h_2 = 0 \end{cases}$$

解为$(h_0, h_3, 0, h_3, h_3)$。其中h_0、h_3为自由变元。方程有 4 个解，$R(f)$的维数为 2。

若取$h_0 = 0$，$h_3 = 1$，得$h(x) = x + x^3 + x^4$，求

$$(f(x), h(x) - 0) = (x^5 + x + 1, x^4 + x^3 + x) = x^3 + x^2 + 1$$

$$(f(x), h(x) - 1) = (x^5 + x + 1, x^4 + x^3 + x + 1) = x^2 + x + 1$$

由定理 9.3.3，有

$$f(x) = (x^3 + x^2 + 1)(x^2 + x + 1)$$

以上方法在用于分解$x^n - 1$(其中$(n, q) = 1$)时能被简化。

定理 9.3.5 设$h(x) = \sum_{i=0}^{n-1} h_i x^i$，$f(x) = x^n - 1$，$h(x)$满足式(9.3.1)当且仅当$h_{iq} = h_i$，$i = 0, 1, 2, \cdots, n-1$，其中$iq$是模$n$乘。

证明

$$h(x)^q = \sum_{i=0}^{n-1} h_i x^{iq(\bmod n)} \bmod f(x) = h(x) = \sum_{i=0}^{h-1} h_i x^i$$

比较两边x^{iq}项的系数即得。   证毕。

因为$(q, n) = 1$，映射$i \to iq(\bmod n)$是$\{1, 2, \cdots, n\}$上的置换。例如，$n = 20$，$q = 3$，置换为

$$\sigma = \begin{pmatrix} 0 & 1 & 2 & 3 & 4 & 5 & 6 & 7 & 8 & 9 & 10 & 11 & 12 & 13 & 14 & 15 & 16 & 17 & 18 & 19 \\ 0 & 3 & 6 & 9 & 12 & 15 & 18 & 1 & 4 & 7 & 10 & 13 & 16 & 19 & 2 & 5 & 8 & 11 & 14 & 17 \end{pmatrix}$$

$$= (0)(1, 3, 9, 7)(2, 6, 18, 14)(4, 12, 16, 8)(5, 15)(10)(11, 13, 19, 17)$$

7 个循环对应的多项式为

$$h_0(x) = 1$$

$$h_1(x) = x + x^3 + x^7 + x^9$$

$$h_2(x) = x^2 + x^6 + x^{14} + x^{18}$$

$$h_4(x) = x^4 + x^8 + x^{12} + x^{16}$$

$$h_5(x) = x^5 + x^{15}$$

$$h_{10}(x) = x^{10}$$

$$h_{11}(x) = x^{11} + x^{13} + x^{17} + x^{19}$$

按照定理 9.3.5，满足 $h(x)^3 \equiv h(x) \bmod (x^{20}-1)$ 的任一 $h(x)$ 都能写成以上 7 个多项式在 GF(3) 上的线性组合。

将置换 $i \to iq \pmod n$ 形成的循环称为分圆陪集。分圆陪集有以下意义：因为 $3^4 \equiv 1 \bmod 20$，所以 GF(3^4) 上有阶为 20 的元素 α，在 GF(3^4) 上

$$x^{20} - 1 = \prod_{i=0}^{19} (x - \alpha^i)$$

而在 GF(3) 上分解 $x^{20}-1$ 则需要从 GF(3^4) 上 $x^{20}-1$ 的分解式中确定最小多项式。例如，α 在 GF(3) 上的最小多项式为

$$f_1(x) = (x-\alpha)(x-\alpha^3)(x-\alpha^9)(x-\alpha^7)$$

指数集合 $\{1,3,9,7\}$ 恰好是上述置换的一个分圆陪集。又注意到 $\{1,3,9,7\}$ 中每一个元素和 20 互素，因此 $\alpha^i (i=1,3,9,7)$ 阶都为 20，所以 $f_1(x)$ 是 $x^{20}-1$ 的不可约因式，而且也是 $\Phi_{20}(x)$ 的不可约因式。

一般地，设 $f_i(x)$ 是 α^i 的最小多项式，记

$$d = \delta(\alpha^i) = \frac{\delta(\alpha)}{(i,\delta(\alpha))} = \frac{n}{(i,n)}$$

因此 $f_i(x)$ 也是 $\Phi_d(x)$ 的不可约因式。用 C_i 表示包含 i 的分圆陪集，得表 9.3.1。

表 9.3.1　分圆陪集及对应的 $\Phi_d(x)$

i	C_i	$|C_i| = \deg f_i(x)$	d
0	(0)	1	1
1	(1,3,9,7)	4	20
2	(2,6,18,14)	4	10
4	(4,12,16,8)	4	5
5	(5,15)	2	4
10	(10)	1	2
11	(11,13,19,17)	4	20

从表 9.3.1 可得 $\Phi_d(x)$（其中 $d \mid n$）的不可约因子。例如，$d=4$，对应的 $i=5$，$C_i = (5,15)$，$\Phi_4(x)$ 的不可约因子是

$$f_5(x) = (x-\alpha^5)(x-\alpha^{15}) = x^2 + 1$$

类似地可得每个 $\Phi_d(x)$ 的不可约因子，如表 9.3.2 所示。

表 9.3.2　$\Phi_d(x)$ 的不可约因子

d	$\Phi_d(x)$	不可约因子
1	$x-1$	$f_0(x)$
2	$x+1$	$f_{10}(x)$

d	$\Phi_d(x)$	不可约因子
4	x^2+1	$f_5(x)$
5	$x^4+x^3+x^2+x+1$	$f_4(x)$
10	$x^4-x^3+x^2-x+1$	$f_2(x)$
20	$x^8-x^6+x^4-x^2+1$	$f_1(x) \cdot f_{11}(x)$

按照定理 9.3.3,有
$$x^{20}-1 = (x^{20}-1,h_i(x)) \cdot (x^{20}-1,h_i(x)+1) \cdot (x^{20}-1,h_i(x)+2)$$
其中 $h_i(x)$ 是上述 7 个中的任一个。

因 $\Phi_{20}(x)|x^{20}-1$,由 $h_i(x)^q \equiv h_i(x) \bmod (x^{20}-1)$ 得 $h_i(x)^q \equiv h_i(x) \bmod \Phi_{20}(x)$,所以
$$\Phi_{20}(x) = (\Phi_{20},h_i)(\Phi_{20},h_i+1)(\Phi_{20},h_i+2)$$
如果取 $i=1$,则
$$(\Phi_{20},h_1) = 1$$
$$(\Phi_{20},h_1+1) = x^4+x^3+2x+1$$
$$(\Phi_{20},h_1+2) = x^4+2x^3+x+1$$
所以
$$\Phi_{20}(x) = (x^4+x^3+2x+1)(x^4+2x^3+x+1)$$

9.4 有限域上的椭圆曲线点群

9.4.1 椭圆曲线

椭圆曲线并非椭圆,之所以称为椭圆曲线,是因为它的曲线方程与计算椭圆周长的方程类似。一般,椭圆曲线的曲线方程是以下形式的三次方程:
$$y^2+axy+by = x^3+cx^2+dx+e \qquad (9.4.1)$$
其中,a,b,c,d,e 是满足某些简单条件的实数。定义中包括一个称为无穷远点的元素,记为 O。图 9.4.1 是椭圆曲线的两个例子。

从图 9.4.1 可见,椭圆曲线关于 x 轴对称。

椭圆曲线上的加法运算定义如下:如果其上的 3 个点位于同一直线上,那么它们的和为 O。进一步可如下定义椭圆曲线上的加法律(加法法则):

(1) O 为加法单位元,即对椭圆曲线上任一点 P,有 $P+O=P$。

(2) 设 $P_1=(x,y)$ 是椭圆曲线上的一点(见图 9.4.1),它的加法逆元定义为 $P_2 = -P_1 = (x,-y)$。

这是因为 P_1、P_2 的连线延长到无穷远时,得到椭圆曲线上的另一点 O,即椭圆曲线上的 3 个点 P_1、P_2、O 共线,所以 $P_1+P_2+O=O,P_1+P_2=O$,即 $P_2=-P_1$。

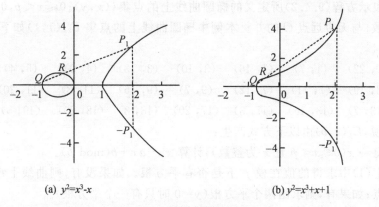

(a) $y^2=x^3-x$ (b) $y^2=x^3+x+1$

图 9.4.1 椭圆曲线的两个例子

由 $O+O=O$,还可得 $O=-O$。

(3) 设 Q 和 R 是椭圆曲线上 x 坐标不同的两点,$Q+R$ 的定义如下:画一条通过 Q、R 的直线,与椭圆曲线交于 P_1(这一交点是唯一的,除非所做的直线是 Q 点或 R 点的切线,此时分别取 $P_1=Q$ 和 $P_1=R$)。由 $Q+R+P_1=O$ 得 $Q+R=-P_1$。

(4) 点 Q 的倍数定义如下:在 Q 点作椭圆曲线的一条切线,设切线与椭圆曲线交于点 S,定义 $2Q=Q+Q=-S$。类似地可定义 $3Q=Q+Q+Q,4Q=Q+Q+Q+Q$,等等。

以上定义的加法具有加法运算的一般性质,如交换律、结合律等。

9.4.2 有限域上的椭圆曲线

密码中普遍采用的是有限域上的椭圆曲线。有限域上的椭圆曲线是指曲线方程 (9.4.1)中所有系数都是某一有限域 GF(p)中的元素(其中 p 为一个大素数)。其中最为常用的是由方程

$$y^2 = x^3 + ax + b \quad (a,b \in \text{GF}(p), 4a^3 + 27b^2 \neq 0) \tag{9.4.2}$$

定义的曲线。

因为方程 $x^3+ax+b=0$ 的判别式为

$$\Delta = \left(\frac{a}{3}\right)^3 + \left(\frac{b}{2}\right)^2 = \frac{1}{108}(4a^3 + 27b^2)$$

当 $4a^3+27b^2=0$ 时,方程 $x^3+ax+b=0$ 有重根,设为 x_0,则点 $Q_0=(x_0,0)$ 是方程 $y^2=x^3+ax+b$ 的重根。令 $F(x,y)=y^2-x^3-ax-b$,则

$$\left.\frac{\partial F}{\partial x}\right|_{Q_0} = \left.\frac{\partial F}{\partial y}\right|_{Q_0} = 0$$

所以

$$\frac{\mathrm{d}y}{\mathrm{d}x} = -\left.\frac{\partial F}{\partial x}\right/\frac{\partial F}{\partial y}$$

在 Q_0 点无定义,即曲线 $y^2=x^3+ax+b$ 在 Q_0 点的切线无定义,因此 Q_0 点的倍点运算无定义。

例如,$p=23$,$a=b=1$,$4a^3+27b^2=8\neq0$,方程(9.4.2)为 $y^2=x^3+x+1$,其图形是连续曲线,如图 9.4.1(b)所示。然而我们感兴趣的是曲线在坐标系第一象限中的整数点。

设 $E_p(a,b)$ 表示方程(9.4.2)所定义的椭圆曲线上的点集 $\{(x,y)\,|\,0\leqslant x<p,0\leqslant y<p,$ 且 x、y 均为整数$\}$ 与无穷远点 O 的并。本例中椭圆曲线上的点集 $E_{23}(1,1)$ 如下(其中未给出 O):

(0,1)	(0,22)	(1,7)	(1,16)	(3,10)	(3,13)	(4,0)	(5,4)	(5,19)
(6,4)	(6,19)	(7,11)	(7,12)	(9,7)	(9,16)	(11,3)	(11,20)	(12,4)
(12,19)	(13,7)	(13,16)	(17,3)	(17,20)	(18,3)	(18,20)	(19,5)	(19,18)

一般来说,$E_p(a,b)$ 由以下方式产生:

(1) 对每一 $x(0\leqslant x<p$ 且 x 为整数),计算 $x^3+ax+b(\bmod\ p)$。

(2) 决定(1)中求得的值在模 p 下是否有平方根。如果没有,则曲线上没有与这一 x 相对应的点;如果有,则求出两个平方根($y=0$ 时只有一个平方根)。

$E_p(a,b)$ 上的加法定义如下:

设 $P,Q\in E_p(a,b)$,则

(1) $P+O=P$。

(2) 如果 $P=(x,y)$,那么 $(x,y)+(x,-y)=O$,即 $(x,-y)$ 是 P 的加法逆元,表示为 $-P$。

由 $E_p(a,b)$ 的产生方式知,$-P$ 也是 $E_p(a,b)$ 中的点。例如在上面的例子中,$P=(13,7)\in E_{23}(1,1)$,$-P=(13,-7)$ 而 $-7\bmod 23\equiv 16$,所以 $-P=(13,16)$,也在 $E_{23}(1,1)$ 中。

(3) 设 $P=(x_1,y_1)$,$Q=(x_2,y_2)$,$P\neq -Q$,则 $P+Q=(x_3,y_3)$ 由以下规则确定:
$$x_3\equiv \lambda^2-x_1-x_2 \bmod p$$
$$y_3\equiv \lambda(x_1-x_3)-y_1 \bmod p$$

其中,
$$\lambda=\begin{cases} \dfrac{y_2-y_1}{x_2-x_1}, & P\neq Q \\[2mm] \dfrac{3x_1^2+a}{2y_1}, & P=Q \end{cases}$$

例 9.4.1 仍以 $E_{23}(1,1)$ 为例,设 $P=(3,10)$,$Q=(9,7)$,则
$$\lambda=\frac{7-10}{9-3}=\frac{-3}{6}=\frac{-1}{2}\equiv 11 \bmod 23$$
$$x_3=11^2-3-9=109\equiv 17 \bmod 23$$
$$y_3=11(3-17)-10=-164\equiv 20 \bmod 23$$

所以 $P+Q=(17,20)$,仍为 $E_{23}(1,1)$ 中的点。

若求 $2P$,则
$$\lambda=\frac{3\cdot 3^2+1}{2\cdot 10}=\frac{5}{20}=\frac{1}{4}\equiv 6 \bmod 23$$
$$x_3=6^2-3-3=30\equiv 7 \bmod 23$$
$$y_3=6(3-7)-10=-34\equiv 12 \bmod 23$$

所以 $2P=(7,12)$。

倍点运算仍定义为重复加法,如 $4P=P+P+P+P$。

从本例看出,加法运算在 $E_{23}(1,1)$ 中是封闭的,且能验证它还满足交换律。对一般

的 $E_p(a,b)$，可证明其上的加法运算是封闭的且满足交换律，同样还能证明其上的加法逆元运算也是封闭的，所以 $E_p(a,b)$ 是一个 Abel 群。

例 9.4.2　已知 $y^2=x^3-2x-3$ 是系数在 GF(7) 上的椭圆曲线，$P=(3,2)$ 是其上一点，求 $10P$。

解

$$2P=P+P=(3,2)+(3,2)=(2,6)$$
$$3P=P+2P=(3,2)+(2,6)=(4,2)$$
$$4P=P+3P=(3,2)+(4,2)=(0,5)$$
$$5P=P+4P=(3,2)+(0,5)=(5,0)$$
$$6P=P+5P=(3,2)+(5,0)=(0,2)$$
$$7P=P+6P=(3,2)+(0,2)=(4,5)$$
$$8P=P+7P=(3,2)+(4,5)=(2,1)$$
$$9P=P+8P=(3,2)+(2,1)=(3,5)$$
$$10P=P+9P=(3,2)+(3,5)=O$$

9.4.3　椭圆曲线上的点数

在 9.4.2 节的例子中，GF(23) 上的椭圆曲线 $y^2=x^3+x+1$ 在坐标系第一象限中的整数点加无穷远点 O 共有 28 个。一般有以下定理。

定理 9.4.1　GF(p) 上的椭圆曲线 $y^2=x^3+ax+b(a,b\in$ GF(p)，$4a^3+27b^2\neq0$) 在第一象限中的整数点和无穷远点 O 的总个数为

$$1+p+\sum_{x\in \mathrm{GF}(p)}\left[\frac{x^3+ax+b}{p}\right]=1+p+\varepsilon$$

其中，$\left[\dfrac{x^3+ax+b}{p}\right]$ 是 Legendre 符号。

定理 9.4.1 中的 ε 由定理 9.4.2 给出。

定理 9.4.2（Hasse 定理）　$|\varepsilon|\leqslant 2\sqrt{p}$。

令

$$\delta=1+p+\sum_{x\in \mathrm{GF}(p)}\left[\frac{x^3+ax+b}{p}\right]=1+p+\varepsilon$$

则有

$$(\sqrt{p}-1)^2\leqslant\delta\leqslant(\sqrt{p}+1)^2$$

例 9.4.3　若 $p=5$，则 $|\varepsilon|\leqslant4$，因此 GF(5) 上的椭圆曲线 $y^2=x^3+ax+b$ 上的点数在 2 和 10 之间。

9.5　椭圆曲线上的倍点运算

椭圆曲线上的倍点运算是指计算 nP，其中 $n\in \mathbf{N}$，P 是椭圆曲线上的点。

将 n 写成二进制形式：

$$n=b_k2^k+b_{k-1}2^{k-1}+\cdots+b_12^1+b_02^0$$

那么

$$nP = b_k 2^k P + b_{k-1} 2^{k-1} P + \cdots + b_1 2^1 P + b_0 2^0 P$$
$$= 2((\cdots 2(2(b_k P) + b_{k-1} P)\cdots) + b_1 P) + b_0 P$$

可见,它的计算方法和模指数运算非常类似。对每一 $i = k, k-1, \cdots, 1, 0$,如果 $b_i = 1$,则对中间结果乘以 2,再加上 P;如果 $b_i = 0$,则仅对中间结果乘以 2。

例 9.5.1 求 $89P$。

解 将 89 写成二进制形式,为 1011001,因此,

$$89P = 2(2(2(2(2(2P) + P) + P)))) + P$$

取中间结果的初值 $c = 0$,则倍点运算中间结果如表 9.5.1 所示。

表 9.5.1 例 9.5.1 倍点运算中间结果

i	b_i	c	运 算
6	1	P	乘 2,加 P
5	0	$c = 2c$	乘 2
4	1	$c = 2c + P$	乘 2,加 P
3	1	$c = 2c + P$	乘 2,加 P
2	0	$c = 2c$	乘 2
1	0	$c = 2c$	乘 2
0	1	$c = 2c + P$	乘 2,加 P

算法如下:

(1) 将 n 表示成二进制形式:$n = b_k b_{k-1} \cdots b_0$。

(2) 初值 $c = 0$。

(3) 执行以下循环:

```
for i=k downto 0 do
    c=2c;
    if b_i=1 then
        c=c+P;
```

(4) 返回 c。

例 9.5.2 求 $105P$。

解 105 的二进制为 1101001。取中间结果的初值 $c = 0$,则倍点运算中间结果如表 9.5.2 所示。

表 9.5.2 例 9.5.2 倍点运算中间结果

i	b_i	c	i	b_i	c
6	1	P	2	0	$26P$
5	1	$3P$	1	0	$52P$
4	0	$6P$	0	1	$105P$
3	1	$13P$			

以上运算过程实际上并未计算 nP 的坐标。下面的算法可以计算 nP 的坐标。设 $P=(x_1,y_1)$ 是 GF(p) 上的椭圆曲线 $y^2=x^3+ax+b$ 上的点。按 9.4.2 节中 $P+Q$ 的规则，$P=Q$ 时，$P+Q=2P$。算法如下：

(1) 将 n 写成二进制形式：$n=b_k b_{k-1}\cdots b_1 b_0$。

(2) 初值 $(x_c,y_c)=(x_1,y_1)$。

(3) 执行以下循环：

For $i=k$ downto 0 do

$\qquad m_1=(3x_c^2+a) \bmod p;$

$\qquad m_2=(2y_c) \bmod p;$

$\qquad \lambda=\dfrac{m_1}{m_2} \bmod p;$

$\qquad x_3=(\lambda^2-2x_c) \bmod p;$

$\qquad y_3=(\lambda(x_c-x_3)-y_c) \bmod p;$

$\qquad (x_c,y_c)=(x_3,y_3);$

$\qquad$ if $b_i=1$ then

$\qquad\qquad m_1=(y_c-y_1) \bmod p;$

$\qquad\qquad m_2=(x_c-x_1) \bmod p;$

$\qquad\qquad \lambda=\dfrac{m_1}{m_2} \bmod p;$

$\qquad\qquad x_3=(\lambda^2-x_1-x_c) \bmod p;$

$\qquad\qquad y_3=(\lambda(x_1-x_3)-y_1) \bmod p;$

$\qquad\qquad (x_c,y_c)=(x_3,y_3);$

(4) 返回 (x_c,y_c)。

习 题

1. 设 2 和 3 是有限域 F_p 的原根，求最小的 p。

2. 在例 9.1.2 中，x^2-2 在 F_5 上是不可约的。求出所有的 $a\in F_5$，使得 x^2-a 在 F_5 上是不可约的。对于可约的 x^2-a，给出其分解式。

3. 有限域 GF(49) 由 $x^2-3(\bmod 7)$ 产生，设 α 表示模 x^2-3 下 x 所在的剩余类。

(1) 求 α 的阶。

(2) 找出一个原根，将 α 表达为原根的幂。

(3) 求 (2) 中原根的最小多项式。

4. 由本原多项式 x^3+2x+1 建立有限域 GF(27)，列出所有 27 个元素，求元素的阶以及对应的最小多项式。

5. 证明：GF(p^m) $\bigcap$ GF(p^n)=GF($p^{(m,n)}$)，其中 (m,n) 是 m、n 的最大公因子。

6. 证明：如果 n 为奇数，则 $\Phi_{2n}(x)=\Phi_n(-x)$。

7. 计算以下分圆多项式。

(1) $\Phi_{24}(x)$。

    (2) $\Phi_{35}(x)$。

    (3) $\Phi_{40}(x)$。

    (4) $\Phi_{60}(x)$。

    (5) $\Phi_{105}(x)$。

8. 在给定的有限域中分解分圆多项式。

    (1) $\Phi_{17}(x)$，在 GF(2) 上。

    (2) $\Phi_{11}(x)$，在 GF(3) 上。

    (3) $\Phi_{13}(x)$，在 GF(5) 上。

    (4) $\Phi_{19}(x)$，在 GF(7) 上。

9. 求 $x^{24}-1$ 在以下域中的完全分解式。

    (1) GF(2)。

    (2) GF(3)。

    (3) GF(4)。

    (4) GF(5)。

    (5) GF(7)。

第 10 章

素 性 检 验

10.1 Lucas 确定性算法

利用第 1 章介绍的 Eratosthenes 筛法判断 n 是否为素数时，需要用 2 到 $\sqrt{n}$ 之间的整数去逐一判断是否能整除 n，当 n 很大时，该方法不实用。本章介绍的素性检验算法既有确定性的也有概率性。

Lucas 确定性算法基于定理 10.1.1。

定理 10.1.1 对给定的 $n \in \mathbf{N}$，若存在 $a \in \mathbf{N}$，使得

(1) $a^{n-1} \equiv 1 \bmod n$。

(2) 对 $n-1$ 的每个素因子 p，有

$$a^{\frac{n-1}{p}} \not\equiv 1 \bmod n$$

那么 n 是素数。

证明 由 $a^{n-1} \equiv 1 \bmod n$ 及定理 6.1.1 得 $\delta_n(a) | n-1$。下面证 $\delta_n(a) = n-1$。

如果 $\delta_n(a) = n-1$ 不成立，则存在 $k \in \mathbf{N}, k > 1$，使得 $n-1 = k\delta_n(a)$。设 p 是 k 的素因子(也是 $n-1$ 的素因子)，那么

$$a^{\frac{n-1}{p}} = a^{\frac{k\delta_n(a)}{p}} = (a^{\delta_n(a)})^{\frac{k}{p}} = 1$$

与条件(2)矛盾，所以 $\delta_n(a) = n-1$。又由 $\delta_n(a) \leqslant \varphi(n) \leqslant n-1$，可得 $\varphi(n) = n-1$，n 为素数。

证毕。

例 10.1.1 设 $n = 2011$，则 $2011-1 = 2 \cdot 3 \cdot 5 \cdot 67$，取 $a = 3$，满足

$$3^{2011-1} \equiv 1 \bmod 2011$$

$3^{\frac{2010}{2}} \equiv -1 \bmod 2011 \not\equiv 1 \bmod 2011, \quad 3^{\frac{2010}{3}} \equiv 205 \bmod 2011 \not\equiv 1 \bmod 2011,$

$3^{\frac{2010}{5}} \equiv 1328 \bmod 2011 \not\equiv 1 \bmod 2011, \quad 3^{\frac{2010}{67}} \equiv 1116 \bmod 2011 \not\equiv 1 \bmod 2011$

所以 $n = 2011$ 为素数。

从定理 10.1.1 的证明过程可见，定理 10.1.1 和定理 10.1.2 等价。

定理 10.1.2 设 $a, n \in \mathbf{N}, (a, n) = 1$，如果 $\delta_n(a) = \varphi(n) = n-1$，那么 n 是素数。

例 10.1.2 设 $n = 3779$，取 $a = 19$，满足 $(19, 3779) = 1, \delta_{3779}(19) = 3778, \varphi(3779) = 3778$。所以 $\delta_{3779}(19) = \varphi(3779) = 3778$，从而 3779 是素数。

定理 10.1.1 的缺点是要求 $n-1$ 的素分解，这个问题比 n 的素性检验本身还困难。而利用定理 10.1.2，要判断 n 是否为素数，需求出 $\varphi(n)$。由例 3.4.2 知，求 $\varphi(n)$ 和分解

n 是等价的,即比 n 的素性检验还要困难。

在定理 10.1.1 中,对 $n-1$ 的不同素因子 p_i,可以使用不同的基 a_i,由此得定理 10.1.3。

定理 10.1.3 如果对 $n-1$ 的每个素因子 p_i,都存在 $a_i\in\mathbf{N}$,使得

(1) $a_i^{n-1}\equiv 1\bmod n$。

(2) $a_i^{\frac{n-1}{p_i}}\not\equiv 1\bmod n$。

那么 n 是素数。

证明 设 $n-1=\prod_{i=1}^{s}p_i^{\alpha_i}$,其中 $\alpha_i>0$,$i=1,2,\cdots,s$,又设 $r_i=\delta_n(a_i)$。由(1)得 $r_i\,|\,n-1$,由(2)得 $r_i\nmid\dfrac{n-1}{p_i}$,即 r_i 一定是 $p_i^{\alpha_i}$ 的倍数,即 $p_i^{\alpha_i}\,|\,r_i$,否则 $\dfrac{n-1}{r_i}$ 中一定有因子 p_i,使得 $p_i\,|\,\dfrac{n-1}{r_i}$,和 $r_i\nmid\dfrac{n-1}{p_i}$ 矛盾。

所以 $p_i^{\alpha_i}\,|\,r_i,r_i\,|\,\varphi(n)$,得 $p_i^{\alpha_i}\,|\,\varphi(n)$,即 $\varphi(n)$ 是 $p_1^{\alpha_1},p_2^{\alpha_2},\cdots,p_s^{\alpha_s}$ 的公倍数,$p_1^{\alpha_1},p_2^{\alpha_2},\cdots,p_s^{\alpha_s}$ 的最小公倍数是 $p_1^{\alpha_1}p_2^{\alpha_2}\cdots p_s^{\alpha_s}$,所以

$$n-1=\prod_{i=1}^{s}p_i^{\alpha_i}\,\bigm|\,\varphi(n)$$

又由 $\varphi(n)\leqslant n-1$,得 $\varphi(n)=n-1$,n 为素数。   证毕。

例 10.1.3 设 $n=3779$,则 $n-1=2\cdot 1889=p_1\cdot p_2$。

对 $p_1=2$,取 $a_1=19$,满足

$$19^{3778}\equiv 1\bmod 3779,\quad 19^{\frac{3778}{2}}\equiv -1\bmod 3779\not\equiv 1\bmod 3779$$

对 $p_2=1889$,取 $a_2=3$,满足

$$3^{3778}\equiv 1\bmod 3779,\quad 3^{\frac{3778}{1889}}\equiv 9\bmod 3779\not\equiv 1\bmod 3779$$

所以,3779 是素数。

10.2 Fermat 可能素数和 Euler 可能素数

Fermat 定理(第 3 章定理 3.5.2)表明,如果 n 是素数,则对任意的 $b\in\mathbf{N}$,$(b,n)=1$,有

$$b^{n-1}\equiv 1\bmod n \tag{10.2.1}$$

定理的逆否命题是:若存在 $b\in\mathbf{N}$,$(b,n)=1$,使得 $b^{n-1}\not\equiv 1\bmod n$,那么 n 一定是合数。

但如果不知 n 的素性,由 $b^{n-1}\equiv 1\bmod n$ 能否得出 n 的素性? 其中 b 仍满足 $(b,n)=1$。答案是否定的,因为有些合数也可能满足式(10.2.1)。

定义 10.2.1 如果对任意的 $b\in\mathbf{N}$,$(b,n)=1$,有 $b^{n-1}\equiv 1\bmod n$,则称 n 是基为 b 的可能素数。如果合数 n 是基为 b 的可能素数,则称 n 是基为 b 的伪素数。

例 10.2.1 $n=341$,$b=2$,$2^{341-1}\equiv 1\bmod 341$,因此 341 是基为 2 的可能素数,但 $341=11\cdot 31$ 为合数,所以 341 是基为 2 的伪素数。

前 7 个基为 2 的伪素数是 341,561,645,1105,1387,1729,1905。

在定义 10.2.1 中,如果 n 是对每一个基 b 的伪素数,则称 n 为 Carmichael 数。前 10 个 Carmichael 数是 $561,1105,1729,2465,2821,6601,8911,10\,585,15\,841,29\,341$。

从 Carmichael 数的定义可知,证明 n 是 Carmichael 数比证明它是基 b 的伪素数困难得多。

例 10.2.2 证明 561 是 Carmichael 数。

因为 $561=3\cdot 11\cdot 17$,$(b,561)=1$ 意味着 $(b,3)=(b,11)=(b,17)=1$。

由 $b^2\equiv 1\bmod 3$ 得 $b^{560}=(b^2)^{280}\equiv 1\bmod 3$。

由 $b^{10}\equiv 1\bmod 11$ 得 $b^{560}=(b^{10})^{56}\equiv 1\bmod 11$。

由 $b^{16}\equiv 1\bmod 17$ 得 $b^{560}=(b^{16})^{35}\equiv 1\bmod 17$。

因此,对每一 b,$(b,561)=1$,都有 $b^{560}\equiv 1\bmod (3\cdot 11\cdot 17)\equiv 1\bmod 561$,即 561 是 Carmichael 数。

定义集合 $L_n=\{b\mid b\in \mathbf{Z}_n^*,b^{n-1}\equiv 1\bmod n\}$,其中 $\mathbf{Z}_n^*=\mathbf{Z}_n-\{0\}=\{1,2,\cdots,n-1\}$。

定理 10.2.1 如果 n 是素数,那么 $L_n=\mathbf{Z}_n^*$。如果 n 是合数,那么 $|L_n|\leqslant \dfrac{n-1}{2}$。

证明 作映射 $f:\mathbf{Z}_n^*\to \mathbf{Z}_n^*$,$f(b)\equiv b^{n-1}\bmod n$,则 $\ker(f)=L_n$。由定理 7.3.4,L_n 是 $\mathbf{Z}_n^*$ 的子群,所以 $L_n\subseteq \mathbf{Z}_n^*$。

如果 n 是素数,则 $\mathbf{Z}_n^*$ 是群,$|\mathbf{Z}_n^*|=n-1$。对任意的 $b\in \mathbf{Z}_n^*$,类似于定理 7.4.6 的证明,有 $b^{n-1}\equiv 1\bmod n$,因此 $b\in L_n$,即 $\mathbf{Z}_n^*\subseteq L_n$,所以 $L_n=\mathbf{Z}_n^*$。

如果 n 是合数,设 $n=p_1p_2$,其中 p_1、p_2 是素数(对多个素数的情况,下面的证明类似)。

下面证明 $L_n\neq \mathbf{Z}_n^*$。取 $b\in \mathbf{Z}_n^*$,满足 $(b,n)=1$,有 $(b,p_1)=1$,$(b,p_2)=1$。由 $b^{\delta_n(b)}\not\equiv 1\bmod n$,有

$$b^{\delta_n(b)}\not\equiv 1\bmod p_1,\quad b^{\delta_n(b)}\not\equiv 1\bmod p_2$$

所以 $\delta_{p_1}(b)\mid \delta_n(b)$,$\delta_{p_2}(b)\mid \delta_n(b)$,即 $\delta_n(b)$ 是 $\delta_{p_1}(b)$ 和 $\delta_{p_2}(b)$ 的公倍数。又,设 d 是 $\delta_{p_1}(b)$ 和 $\delta_{p_2}(b)$ 的任一公倍数,由 $\delta_{p_1}(b)\mid d$,$\delta_{p_2}(b)\mid d$ 得

$$b^d\equiv 1\bmod p_1,\quad b^d\equiv 1\bmod p_2$$

其中 $(b,p_1)=1$,$(b,p_2)=1$,所以 $b^d\equiv 1\bmod (p_1p_2)$,其中 $(b,p_1p_2)=1$,$\delta_{p_1p_2}(b)\mid d$。所以 $\delta_n(b)$ 是 $\delta_{p_1}(b)$ 和 $\delta_{p_2}(b)$ 的最小公倍数。

从而

$$\delta_n(b)\leqslant \delta_{p_1}(b)\delta_{p_2}(b)=(p_1-1)(p_2-1)=p_1p_2-(p_1+p_2)+1<n-1$$

因此 $b\notin L_n$,所以 $L_n\neq \mathbf{Z}_n^*$,即 L_n 是 $\mathbf{Z}_n^*$ 的真子群。由定理 7.4.4,存在整数 $t>1$,使得

$$|\mathbf{Z}_n^*|=t\cdot |L_n|,\ n-1=t\cdot |L_n|,\ |L_n|\leqslant \frac{n-1}{t}\leqslant \frac{n-1}{2}$$

$$\text{证毕。}$$

由定理 10.2.1,在小于 n 的正整数中随机取 b,使得 $b^{n-1}\equiv 1\bmod n$,则 n 是合数的可能性小于 $\dfrac{1}{2}$。

基于定理 10.2.1 的算法(称为 Fermat 算法)如下:

(1) 输入 n、k,其中 k 称为安全参数,用于决定循环次数。

(2) 重复 k 次以下操作:

① 在 $[2,n-2]$ 中随机取 b。

② 如果 $b^{n-1}\not\equiv 1 \bmod n$，返回"合数"。

如果该算法返回结果是"合数"，那么 n 一定是合数；否则 n 可能是素数。

因为在上述算法步骤(2)的每次循环中，n 是合数的可能性小于 $\frac{1}{2}$，是素数的可能性大于 $1-\frac{1}{2}$，则重复 k 次后，n 是合数的可能性小于 $\frac{1}{2^k}$，是素数的可能性大于 $1-\frac{1}{2^k}$。当 k 很大时，$1-\frac{1}{2^k}\approx 1$。

若 n 为素数，$b\in\mathbf{N}$，$(b,n)=1$，由 Legendre 符号可得

$$b^{\frac{n-1}{2}}\equiv\left(\frac{b}{n}\right)\bmod n \tag{10.2.2}$$

反之，若

$$b^{\frac{n-1}{2}}\not\equiv\left(\frac{b}{n}\right)\bmod n$$

则 n 是合数。

定义 10.2.2 如果对 $b\in\mathbf{N}$，$(b,n)=1$，有

$$b^{\frac{n-1}{2}}\equiv\left(\frac{b}{n}\right)\bmod n$$

则称 n 是基为 b 的 Euler 可能素数。如果合数 n 是基为 b 的 Euler 可能素数，则称 n 是基为 b 的 Euler 伪素数。

例 10.2.3 设 $n=1105=5\cdot 13\cdot 17$，$b=2$，

$$b^{\frac{n-1}{2}}\equiv 2^{\frac{1105-1}{2}}\bmod 1105\equiv 1\bmod 1105,\quad \left(\frac{b}{n}\right)=\left(\frac{2}{1105}\right)=1$$

所以

$$b^{\frac{n-1}{2}}\equiv\left(\frac{b}{n}\right)\bmod n$$

其中，n 是基为 2 的 Euler 伪素数。

基于定义 10.2.2 的算法（称为 Solovay-Strassen 算法）如下：

(1) 输入 n 和安全参数 k；

(2) 重复 k 次以下操作：

① 在 $[2,n-2]$ 中随机取 b。

② 如果 $b^{\frac{n-1}{2}}\not\equiv\left(\frac{b}{n}\right)\bmod n$，返回"合数"。

如果该算法返回的结果是"合数"，则 n 一定是合数。否则 n 是可能素数。

10.3 强可能素数

设 n 是奇素数，$n-1=2^s t$，则有以下分解式：

$$b^{n-1}-1=(b^{2^{s-1}t}+1)(b^{2^{s-2}t}+1)\cdots(b^t+1)(b^t-1)$$

如果 $b^{n-1}\equiv 1 \bmod n$,则以下同余式中至少有一个成立:

$$b^t \equiv 1 \bmod n, \quad b^t \equiv -1 \bmod n, \quad b^{2t} \equiv -1 \bmod n, \cdots, b^{2^{s-1}t} \equiv -1 \bmod n$$

$$(10.3.1)$$

定义 10.3.1 如果式(10.3.1)中至少有一个同余式成立,则称 n 是基 b 的强可能素数。如果合数 n 是基 b 的强可能素数,则称 n 是基 b 的强伪素数。

基于定义 10.3.1 的算法(称为 Miller-Rabin 算法)如下:

(1) 设 $n-1=2^s t$,输入基 b。

(2) 设 $i=0$,求 $y=b^t \bmod n$。如果 $y=1$ 或 $y=n-1$,返回"可能素数"。

(3) $i=i+1$,如果 $i<s$,求 $y=y^2 \bmod n$。如果 $y=n-1$,返回"可能素数";否则重新执行(3)。

(4) 输出"合数"。

与 Fermat 算法和 Solovay-Strassen 算法类似,上述算法也可重复 k 次,k 是安全参数。

如果 n 是素数,上述算法一定返回"可能素数";但如果 n 是合数,算法也可能返回"可能素数"。下面证明 n 是合数时,算法返回"可能素数"的概率小于 $\frac{1}{4}$。

定理 10.3.1 设 $n>1$ 是奇数,则 Miller-Rabin 算法对至多 $\frac{n-1}{4}$ 个基 b($1\leqslant b<n$)输出"可能素数"。

证明 证明要用到如下结论(该结论的证明略):设 p 是奇素数,$\alpha,q\in \mathbf{N}$,同余方程 $x^{q-1}\equiv 1 \bmod p^{\alpha}$ 有 $(q-1,p^{\alpha}(p-1))$ 个不同余的解。

设 $n-1=2^s t$,如果 n 是强伪素数,则有 $b^t\equiv 1 \bmod n$ 或 $b^{2^i t}\equiv -1 \bmod n$($i=0,1,2,\cdots,s-1$)。此时

$$b^{n-1}\equiv 1 \bmod n \qquad (10.3.2)$$

下面求式(10.3.2)的解数。设 $n=p_1^{\alpha_1}p_2^{\alpha_2}\cdots p_k^{\alpha_k}$,则方程 $x^{n-1}\equiv 1 \bmod p_i^{\alpha_i}$ 的解数为

$$(n-1,p_i^{\alpha_i}(p_i-1))=(n-1,p_i-1)$$

由中国剩余定理,同余方程(10.3.2)的解数为

$$\prod_{i=1}^{k}(n-1,p_i-1)$$

下面分 3 种情况讨论。

(1) n 的素因子分解包含 $p_r^{\alpha_r}$,其中 $\alpha_r\geqslant 2$。

(2) $n=p\cdot q$,其中 p、q 是不同的奇素数。

(3) $n=p_1 p_2 \cdots p_k$,其中 $p_1,p_2,\cdots,p_k$ 是不同的奇素数。

第(2)种情况包含在第(3)种情况中。下面仅考虑第(1)种情况。

因为

$$\frac{p_r-1}{p_r^{\alpha_r}}=\frac{1}{p_r^{\alpha_r-1}}-\frac{1}{p_r^{\alpha_r}}\leqslant \frac{2}{9}$$

所以,

$$\prod_{i=1}^{k}(n-1,p_i-1) \leqslant \prod_{i=1}^{k}(p_i-1) \leqslant \left(\prod_{i=1,i\neq r}^{k}p_i\right)\left(\frac{2}{9}p_r^{a_r}\right) \leqslant \frac{2}{9}n \leqslant \frac{n-1}{4}$$

当 $n \geqslant 9$ 时,方程(10.3.2)的解的个数至多为 $\frac{n-1}{4}$。 证毕。

如果 b 从 $\{2,3,\cdots,n-1\}$ 中任取一个,则使得式(10.3.2)成立的概率是 $\frac{n-1}{4}\frac{1}{n-2}=\frac{1}{4}$,由此得出以下推论。

推论 设 n 是奇合数,b 从 $\{2,3,\cdots,n-1\}$ 中随机取,则 n 是强伪素数的概率小于 $\frac{1}{4}$。

如果要求 n 是强伪素数的概率小于 ε,则可取 k 个基 $b_1,b_2,\cdots,b_k$,使得 $4^{-k}<\varepsilon$。

10.4 Lucas 可能素数

Lucas 素性检验算法是基于递推序列的同余性质提出提出的。首先介绍 Lucas 序列。

设 a、b 是非 0 整数,二次方程 $x^2-ax+b=0$ 的判别式 $D=a^2-4b$,方程的两个根设为 α、β,则有 $\alpha+\beta=a,\alpha-\beta=\sqrt{D},\alpha\beta=b$。

定义序列 $\{U_k\}$ 如下:

$$U_k(a,b)=\frac{\alpha^k-\beta^k}{\alpha-\beta} \tag{10.4.1}$$

若取 $U_0(a,b)=0,U_1(a,b)=1$,则得

$$U_k(a,b)=aU_{k-1}-bU_{k-2} \tag{10.4.2}$$

称式(10.4.2)形式的序列 $\{U_k\}$ 为 Lucas 序列。

特别地,取 $a=1,b=-1$,由 $\{U_k\}$ 得到的是 Fibonacci 序列:

$$U_k=U_{k-1}+U_{k-2}$$

定理 10.4.1 在上述 Lucas 序列 $\{U_k\}$ 的定义中,设 $D=a^2-4b$,又设 p 是奇素数,如果 $p\nmid bD$,则

$$p\left|U_{p-\left[\frac{D}{p}\right]}\right.$$

其中,$\left[\frac{D}{p}\right]$ 是 D 模 p 的 Legendre 符号。

证明 由 $p\nmid bD$,得 $p\nmid b,p\nmid D$。方程 $f(x)=x^2-ax+b\equiv 0 \bmod p$ 有不同的根 α、β。

如果 $\left(\frac{D}{p}\right)=1$,即 $x^2\equiv D \bmod p$ 有根,$f(x) \bmod p$ 能分解为 $(x-\alpha)(x-\beta)$,即 α、$\beta\in F_p$(有限域),所以

$$\alpha^{p-1}\equiv\beta^{p-1} \bmod p\equiv 1 \bmod p,$$

$$U_{p-\left[\frac{D}{p}\right]}=U_{p-1}=\frac{\alpha^{p-1}-\beta^{p-1}}{\alpha-\beta}\equiv 0 \bmod p$$

即 $p\left|U_{p-\left[\frac{D}{p}\right]}\right.$。

如果 $\left(\dfrac{D}{p}\right)=-1$，即 $x^2\equiv D\bmod p$ 无根，$f(x)\bmod p$ 在 F_p 上不能分解，$\alpha,\beta\in F_{p^2}$。作 F_{p^2} 上的自同构 $\sigma:x\rightarrow x^p$（易证 σ 是自同构）。

将 σ 作用于 $\{\alpha,\beta\}$，α 有原像，若 $\alpha^p\equiv\alpha\bmod p$，则由定理 9.1.4 得 $\alpha\in F_p$，矛盾。所以 α 的原像为 β，即 $\alpha=\beta^p$；同理，β 的原像为 α，即 $\beta=\alpha^p$。因此，

$$U_{p-\left[\frac{D}{p}\right]}=U_{p+1}=\frac{\alpha^{p+1}-\beta^{p+1}}{\alpha-\beta}=\frac{\beta\alpha-\alpha\beta}{\alpha-\beta}\equiv 0\bmod p$$

即 $p\,\big|\,U_{p-\left(\frac{D}{p}\right)}$。
证毕。

定义 10.4.1 设 $\{U_k\}=\{U_k(a,b)\}$ 是 Lucas 序列，$D=a^2-4b$，若奇整数 $p\,\big|\,U_{p-\left(\frac{D}{p}\right)}$，则称 p 是 Lucas 可能素数。

类似于 Fermat 算法、Solovay-Strassen 算法及 Miller-Rabin 算法，可得 Lucas 算法（具体算法略）。

10.5　Mersenne 素数

定义 10.5.1 设 p 为素数，则 $M_p=2^p-1$ 称为 Mersenne 数。若 Mersenne 数是素数，则称之为 Mersenne 素数。

例如，$2^2-1=3,2^3-1=7,2^5-1=31,2^7-1=127,2^{11}-1=2047,2^{13}-1=8191$，$2^{17}-1=131\,071$，都是 Mersenne 数。以上各数除 $2^{11}-1$ 外，都是 Mersenne 素数，而 $2^{11}-1=2047=23\cdot 89$ 不是素数。

下面的 Mersenne 数的素性检验算法是确定性的，其中首先定义序列 $\{S_n\}$：$S_1=4$，$S_n=S_{n-1}^2-2$。

定理 10.5.1 设 p 是素数，如果 $M_p\,|\,S_{p-1}$，那么 M_p 是素数。

证明 设 $w=2+\sqrt{3}$，$v=2-\sqrt{3}$，由归纳法可证：对任意的 $n\in\mathbf{N}$，有 $S_n=w^{2^{n-1}}+v^{2^{n-1}}$。

由 $M_p\,|\,S_{p-1}$，可得 $w^{2^{p-2}}+v^{2^{p-2}}=RM_p$，其中 $R\in\mathbf{Z},R\neq 0$。两边乘以 $w^{2^{p-2}}$，由 $wv=1$ 得

$$w^{2^{p-1}}+1=RM_pw^{2^{p-2}} \tag{10.5.1}$$

所以，

$$w^{2^{p-1}}=RM_pw^{2^{p-2}}-1$$

两边平方得

$$w^{2^p}=(RM_pw^{2^{p-2}}-1)^2 \tag{10.5.2}$$

若 M_p 是合数，由定理 1.1.3，必存在不大于 $\sqrt{M_p}$ 的素因子 q。设 $\mathbf{Z}_q$ 表示模 q 的整数集合，则

$$X=\{a+b\sqrt{3}:a,b\in\mathbf{Z}_q,a^2-3b^2\neq 0\}$$

定义 X 上的乘法 $\times$ 为：对任意的 $a+b\sqrt{3},c+d\sqrt{3}\in X$，有

$$a \times b = (ac + 3bd) + (ad + bc)\sqrt{3}$$

其中,运算都在 $\mathbf{Z}_q$ 中。易证: X 在 $\times$ 下形成 Abel 群,且 $|X| \leqslant q^2 - 1$。

由式(10.5.1)得 $w^{2^{p-1}} \equiv -1 \bmod q$,由式(10.5.2)得 $w^{2^p} \equiv 1 \bmod q$,所以有 $\delta_q(w) = 2^p$, w 构成的循环群是 X 的子群,循环群的阶就是 w 的阶。由 Lagrange 定理(定理 7.4.4)得循环群的阶小于 X 的阶,所以有 $2^p \leqslant |X| \leqslant q^2 - 1$。但由 $q \leqslant \sqrt{M_p}$,得 $q^2 - 1 \leqslant M_p - 1 = 2^p - 2$,所以 $2^p \leqslant 2^p - 2$,矛盾。   证毕。

基于定理 10.5.1 的算法(称为 Lucas-Lehmer 算法)如下:

(1) $S = 4$。

(2) 执行以下循环:

```
for i=1 to p-2 do
  S=S² - 2 ( mod (2^p-1) );
```

(3) 如果 $S = 0$,返回"素数";否则返回"合数"。

在该算法中,第(2)步通过 for 循环计算出 S_{p-1},算法的实现非常高效。

10.6 椭圆曲线素性检验

已知素数 p,则椭圆曲线 $y^2 = x^3 + ax + b (a,b \in \mathrm{GF}(p), 4a^3 + 27b^2 \neq 0)$ 上的点集 $\{(x,y) | (x,y) \in \mathbf{Z}_p^2\}$ 并上无穷远点 O 形成群,记为 $E_p(a,b)$(简记为 E_p)。E_p 的阶记为 $N_p(a,b)$,简记为 N_p。

已知大整数 n(不知其素性),曲线 $y^2 = x^3 + ax + b (a,b \in \mathbf{Z}_n, (4a^3 + 27b^2, n) = 1)$ 上的点集 $\{(x,y) | (x,y) \in \mathbf{Z}_n^2\}$ 并上无穷远点 O,记为 $E_n(a,b)$(简记为 E_n)。若 n 不是素数,则 E_n 不为群,但可将 E_n 投影到一个群 E_p 上,其中 p 为素数,且 $p|n$。已知 $x \bmod n$,定义 $x \bmod n$ 的投影是 $(x \bmod n) \bmod p$,记为 $(x)_p$。已知 $M = (x,y) \in E_n(a,b)$,定义 $M_p \in E_p((a)_p,(b)_p)$ 作为 $((x)_p,(y)_p)$,定义 $O_p = O$。

因为 $(4a^3 + 27b^2, n) = 1$,所以 $4a^3 + 27b^2 \not\equiv 0 \bmod p$。

下面的引理说这种投影是良定的。

引理 10.6.1 设 $P, Q \in E_n$, $p | n$ 为大于 3 的素数。如果 $P + Q$ 是良定的,则

$$(P + Q)_p = (P)_p + (Q)_p$$

证明 由 E_p 上的加法(见 9.4.2 节)得

(1) $(P + Q)_p = (P_p + Q_p)_p = ((P)_p + (Q)_p)_p$。

(2) 设 $P = (x,y)$,则 $-P = (x,-y)$。因此,

$$(P)_p + (-P)_p = ((x)_p,(y)_p) + ((x)_p,(-y)_p) = O_P$$

即 $(-P)_p$ 是 $(P)_p$ 的逆元。

(3) 当 $P \neq -Q$ 时,只需证明 $P + Q$ 中 λ 的分母在 $\bmod p$ 下是可逆的。

若 $P \neq Q$,分母为 $x_2 - x_1$,因 $P + Q$ 是良定的,所以 $(x_2 - x_1)^{-1} \bmod n$ 存在,而 $p | n$,所以 $(x_2 - x_1)^{-1} \bmod p$ 存在。

若 $P=Q$,分母为 $2y_1$,因 $P+Q$ 是良定的,所以 $(2y_1)^{-1} \bmod n$ 存在,所以 $(2y_1)^{-1} \bmod p$ 存在。 证毕。

椭圆曲线素性检验算法基于定理 10.6.1。

定理 10.6.1 设 $n \in \mathbf{N}, 2 \nmid n, 3 \nmid n$。如果存在 M、q、a、b,使得 q 是大于 $(\sqrt[4]{n}+1)^2$ 的素数,$(n, 4a^3+27b^2)=1, M \neq 0, M \in E_n(a,b)$ 且 $qM=0$,那么 n 是素数。

证明 用反证法。假设 n 是合数,则由定理 1.1.3,必存在不大于 $\sqrt{n}$ 的素因子 p。如果 $qM=0$,则 $qM_p=O_p$,所以 $\delta_p(M_p) | q$,然而 $\delta_p(M_p) \leqslant N_p$,由 Hasse 定理(定理 9.4.2),有

$$N_p \leqslant (\sqrt{p}+1)^2 \leqslant (\sqrt[4]{n}+1)^2 < q$$

即 $\delta_p(M_p) < q$。所以 $\delta_p(M_p)=1$,意味着 $M_p=O_p, M=O$,矛盾。 证毕。

由定理 10.6.1 可知,判断 n 的素性,关键是找 M、q、a、b,即一条曲线(由参数 a、b 描述)上一个阶为 q(素数)的点 M。过程如下:

第 1 步:随机选择 $a, b \in \mathbf{Z}_n$,满足 $(4a^3+27b^2, n)=1$。

第 2 步:求出 $E_n(a,b)$ 的阶 N_n。

第 3 步:求 $q=\dfrac{N_n}{2}$,并用已知的素性检验算法判断 q 是否为素数。如果 q 为合数,则返回第 1 步。

第 4 步:随机选择 $M \in E_n(a,b)$,使得 $M \neq O$ 且 $qM=O$。

 # 习 题

1. 用 Lucas 确定性算法判断 89 是素数。

2. 证明:91 是基 3 的 Fermat 伪素数和 Euler 伪素数。

3. 证明:1 373 653 是基 3 的强伪素数。

4. 证明 $2821=7 \cdot 13 \cdot 31$ 是 Carmichael 数。

5. 用 Lucas 伪素数判定法判定 9071 是 Lucas 伪素数。

6. 用 Lucas-Lehmer 算法判定 $2^{17}-1$ 是 Mersenne 素数。

第 11 章 整 数 分 解

由定理 1.2.13(算术基本定理)知,大于 1 的任一整数都可分解成不同素数的幂。整数分解就是找出给定整数的非平凡因子,是数论中最重要的问题。试除法是最简单的整数分解法:已知 n,用不大于 $\sqrt{n}$ 的所有的素数去试除。n 太大时,这个方法不实用。

11.1 Fermat 法

设 $n=p \cdot q$,其中 $p<q,r=\lfloor\sqrt{n}\rfloor$,那么 $p<r<q$。检查 r^2-n 是否为完全平方。如果不是,则令 $r=r+1$,重复以上过程;如果是,例如 $r^2-n=a^2$,则 $n=r^2-a^2=(r-a)(r+a)$,得到两个因子。其中,判断一个数 a 是否为完全平方可通过判断 $\lfloor\sqrt{a}\rfloor=\sqrt{a}$ 是否成立来实现。

改进方法如下:

若能求出 x、y,满足

$$x^2 \equiv y^2 \bmod n, \quad 0<x<y<n, \ x \neq y, \ x+y \neq n \tag{11.1.1}$$

则最大公因子 $(x-y,n)$ 和 $(x+y,n)$ 是两个可能的非平凡因子。

证明见定理 5.4.2。

例 11.1.1 分解 $n=119$。

因为 $12^2 \equiv 5^2 \bmod 119$,$(12+5,119)=17$,$(12-5,119)=7$ 是 n 的两个因子。

求式(11.1.1)中 x、y 的最好方法是构造若干个同余式:

$$A_i \equiv B_i \bmod n \tag{11.1.2}$$

其中,假定

$$A_i = \prod p_k^{e_k}, \quad B_i = \prod p_j^{e_j}$$

然后在这些同余式中选择一部分,记为 S(下标 i 的集合),使得

$$x = \prod_{i \in S} A_i, \quad y = \prod_{i \in S} B_i$$

都是完全平方,即得式(11.1.1)。

定义 11.1.1 给定素数 B,由不超过 B 的所有素因子构成的集合 FB 称为因子基。如果整数 n 的所有素因子可由 FB 中的因子表达,则称 n 关于 FB 是平滑的。

例 11.1.2 分解 $n=77$。

解 取因子基 FB$=\{-1,2,3,5\}$(注意,-1 也作为素因子),记 $v(A_i)$ 为 A_i 以 FB 为底的指数向量(模 2 下)。表 11.1.1 是满足式(11.1.2)的 8 组值及对应的指数向量。

表 11.1.1　同余式(11.1.2)的 8 组值及指数向量

A_i	B_i	$v(A_i)$	$v(B_i)$
$45=3^2 \cdot 5$	$-32=-2^5$	(0001)	(1100)
$50=2 \cdot 5^2$	$-27=-3^3$	(0100)	(1010)
$72=2^3 \cdot 3^2$	-5	(0100)	(1001)
$75=3 \cdot 5^2$	-2	(0010)	(1100)
$80=2^4 \cdot 5$	3	(0001)	(0010)
$125=5^3$	$48=2^4 \cdot 3$	(0001)	(0010)
$320=2^6 \cdot 5$	$243=3^5$	(0001)	(0010)
$384=2^7 \cdot 3$	-1	(0110)	(1000)

　　为了得到 S,必须使得 S 中的 A_i 相乘时,相应指数向量模 2 相加时对应的各分量为 0,这样才能保证因子基的幂次是偶数。

　　例如,第 6 行和第 7 行相乘时,
$$v(A_6)+v(A_7)=(0000), \quad v(B_6)+v(B_7)=(0000)$$
由 $A_6 \cdot A_7 \equiv B_6 \cdot B_7$ 得
$$5^3 \cdot 2^6 \cdot 5 \equiv 2^4 \cdot 3 \cdot 3^5, \quad (2^3 \cdot 5^2)^2 \equiv (2^2 \cdot 3^3)^2$$
即得到两个同余的平方项。这样就有
$$(2^3 \cdot 5^2 \pm 2^2 \cdot 3^3, 77)$$
但得到的是两个平凡因子 77 和 1。

　　又如,选择第 5 行和第 7 行,则
$$v(A_5)+v(A_7)=(0000), \quad v(B_5)+v(B_7)=(0000)$$
由 $A_5 \cdot A_7 \equiv B_5 \cdot B_7$ 得 $2^4 \cdot 5 \cdot 2^6 \cdot 5 \equiv 3 \cdot 3^5$,即 $(2^5 \cdot 5)^2 \equiv (3^3)^2$,由此得到两个因子:
$$(2^5 \cdot 5 \pm 3^3, 77)$$
为 11 和 7。

　　再如,选第 1、2、4、7、8 行,则
$$v(A_1)+v(A_2)+v(A_4)+v(A_7)+v(A_8)=(0000)$$
$$v(B_1)+v(B_2)+v(B_4)+v(B_7)+v(B_8)=(0000)$$
由 $A_1 A_2 A_4 A_7 A_8 \equiv B_1 B_2 B_4 B_7 B_8$ 得 $(2^7 \cdot 3^2 \cdot 5^3)^2 \equiv (2^3 \cdot 3^4)^2$,由此得到两个因子:
$$(2^7 \cdot 3^2 \cdot 5^3 \pm 2^3 \cdot 3^4, 77)$$
仍为 11 和 7。

　　一般在决定选择哪些 A_i 和 B_i 时,可按如下方法进行:设
$$\prod_{i=1}^{8} A_i^{s_i} \equiv \prod_{i=1}^{8} B_i^{s_i}$$
其中 s_i 为 0 表示 A_i 和 B_i 不被选择,为 1 表示被选择。得
$$(3^2 \cdot 5)^{s_1} \cdot (2 \cdot 5^2)^{s_2} \cdot (2^3 \cdot 3^2)^{s_3} \cdot (3 \cdot 5^2)^{s_4} \cdot (2^4 \cdot 5)^{s_5} \cdot (5^3)^{s_6} \cdot (2^6 \cdot 5)^{s_7} \cdot (2^7 \cdot 3)^{s_8}$$
$$\equiv (-2^5)^{s_1} \cdot (-3^3)^{s_2} \cdot (-5)^{s_3} \cdot (-2)^{s_4} \cdot 3^{s_5} \cdot (2^4 \cdot 3)^{s_6} \cdot (3^5)^{s_7} \cdot (-1)^{s_8}$$

$$2^{s_2+3s_3+4s_5+6s_7+7s_8} \cdot 3^{2s_1+2s_3+s_4+s_8} \cdot 5^{s_1+2s_2+2s_4+s_5+3s_6+s_7}$$

$$\equiv (-1)^{s_1+s_2+s_3+s_4+s_8} \cdot (2)^{5s_1+s_4+4s_6} \cdot 3^{3s_2+s_5+s_6+5s_7} \cdot 5^{s_3}$$

当两边每个素因子的指数都是偶数时,两边才都是平方项。将每个素因子的指数看作 $s_1,s_2,\cdots,s_8$ 的方程。例如,由第一项 $2^{s_2+3s_3+4s_5+6s_7+7s_8}$ 得

$$(s_2+3s_3+4s_5+6s_7+7s_8) \equiv 0 \bmod 2$$

即

$$(01100001)(s_1 s_2 s_3 s_4 s_5 s_6 s_7 s_8) \equiv \mathbf{0} \bmod 2$$

其中 $\mathbf{0}$ 是 0 向量。

因此可得以下方程组:

$$
\begin{bmatrix}
0 & 0 & 0 & 0 & 0 & 0 & 0 & 0 \\
0 & 1 & 1 & 0 & 0 & 0 & 0 & 1 \\
0 & 0 & 0 & 1 & 0 & 0 & 0 & 1 \\
1 & 0 & 0 & 0 & 1 & 1 & 1 & 0 \\
1 & 1 & 1 & 1 & 0 & 0 & 0 & 1 \\
1 & 0 & 0 & 1 & 0 & 0 & 0 & 0 \\
0 & 1 & 0 & 0 & 1 & 1 & 1 & 0 \\
0 & 0 & 1 & 0 & 0 & 0 & 0 & 0
\end{bmatrix}
\begin{bmatrix}
s_1 \\ s_2 \\ s_3 \\ s_4 \\ s_5 \\ s_6 \\ s_7 \\ s_8
\end{bmatrix}
\equiv
\begin{bmatrix}
0 \\ 0 \\ 0 \\ 0 \\ 0 \\ 0 \\ 0 \\ 0
\end{bmatrix}
\quad \bmod 2
$$

可见系数矩阵的 $1\sim4$ 行为表 1.2 中 $v(A_i)$ 中的 $1\sim4$ 列,$5\sim8$ 行为 $v(B_i)$ 的 $1\sim4$ 列。用 Gauss 消元法解出上述方程组,再按方程组的解选择 A_i 和 B_i,使得

$$\sum_{i\in S} s_i v(A_i) = 0 \quad \text{且} \quad \sum_{i\in S} s_i v(B_i) = 0$$

11.2 连分数法

11.2.1 连分数的概念

设 a、b 是两个正整数,在求 (a,b) 的广义 Euclid 除法中,设不完全商为 $q_1,q_2,\cdots,q_{n+1}$,余数为 $r_1,r_2,\cdots,r_{n+1}$,那么 $\dfrac{a}{b}$ 可按以下方式表达:

$$\frac{a}{b} = q_1 + \cfrac{1}{\cfrac{b}{r_1}} = q_1 + \cfrac{1}{q_2 + \cfrac{1}{\cfrac{r_1}{r_2}}} = q_1 + \cfrac{1}{q_2 + \cfrac{1}{q_3 + \cfrac{1}{\cfrac{r_2}{r_3}}}} = \cdots = q_1 + \cfrac{1}{q_2 + \cfrac{1}{q_3 + \cfrac{1}{\ddots \cfrac{}{q_{n+1}}}}}$$

称右边的表达式为有限连分数,简记为 $[q_1,q_2,\cdots,q_{n+1}]$。

设 $1 \leqslant k \leqslant n+1$,称 $[q_1,q_2,\cdots,q_k]$ 是 $[q_1,q_2,\cdots,q_{n+1}]$ 的第 k 个渐进分数。

例 11.2.1 在例 1.3.4 和例 1.3.5 中,求 $(1859,1573)$ 时已求出不完全商,因此

$$\frac{1859}{1573} = 1 + \cfrac{1}{5 + \cfrac{1}{\cfrac{1}{2}}}$$

所以,按照如上方法,利用广义 Euclid 除法,可将任何有理数表示为连分数。

而对无理数 α,可按以下方法表示成连分数。

$\alpha = \lfloor \alpha \rfloor + (\alpha)$,其中 $\lfloor \alpha \rfloor$ 为 α 的整数部分,(α) 为 α 的小数部分。

因 α 为无理数,所以 $\dfrac{1}{(\alpha)}$ 为大于 1 的无理数,令 $\alpha_1 = \dfrac{1}{(\alpha)}$,则

$$\alpha_1 = \lfloor \alpha_1 \rfloor + (\alpha_1) = \lfloor \alpha_1 \rfloor + \cfrac{1}{\cfrac{1}{(\alpha_1)}}$$

其中,$\dfrac{1}{(\alpha_1)}$ 是大于 1 的无理数。如此下去,就得到

$$\alpha = \lfloor \alpha \rfloor + \cfrac{1}{\cfrac{1}{(\alpha)}} = \lfloor \alpha \rfloor + \cfrac{1}{\lfloor \alpha_1 \rfloor + \cfrac{1}{(\alpha_1)}} = \lfloor \alpha \rfloor + \cfrac{1}{\lfloor \alpha_1 \rfloor + \cfrac{1}{\lfloor \alpha_2 \rfloor + \cdots}}$$

记 $q_1 = \lfloor \alpha \rfloor, q_2 = \lfloor \alpha_1 \rfloor, q_3 = \lfloor \alpha_2 \rfloor, \cdots$,则上式变为

$$\alpha = q_1 + \cfrac{1}{q_2 + \cfrac{1}{q_3 + \cdots}}$$

称为无限连分数,简记为 $[q_1, q_2, q_3, \cdots]$。

如果存在 k 和 m,使得对所有 $i \geqslant k$ 有 $q_{i+m} = q_i$,则称 α 是周期的,记为

$$\alpha = [q_1, q_2, \cdots, q_k, \overline{q_{k+1}, \cdots, q_{k+m}}]$$

求实数 $\alpha = x_1$ 的连分数计算过程如下:

$$q_1 = \lfloor x_1 \rfloor$$

$$x_2 = \frac{1}{x_1 - q_1}, \quad q_2 = \lfloor x_2 \rfloor$$

$$x_3 = \frac{1}{x_2 - q_2}, \quad q_3 = \lfloor x_3 \rfloor$$

$$\vdots$$

$$x_{n+1} = \frac{1}{x_n - q_n}, \quad q_{n+1} = \lfloor x_{n+1} \rfloor$$

$$\vdots$$

如此下去,即得 α 的无限连分数 $[q_1, q_2, q_3, \cdots]$。

例 11.2.2 求 $\sqrt{3}$ 的无限连分数。

解

$$1 < x_1 = \sqrt{3} < 2, \quad q_1 = \lfloor \sqrt{3} \rfloor = 1$$

$$x_2 = \frac{1}{x_1 - q_1} = \frac{1}{\sqrt{3} - 1} = \frac{\sqrt{3} + 1}{2} = 1 + \frac{\sqrt{3} - 1}{2}, \quad q_2 = \lfloor x_2 \rfloor = 1$$

$$x_3 = \frac{1}{x_2 - q_2} = \frac{1}{\dfrac{\sqrt{3} - 1}{2}} = \sqrt{3} + 1 = 2 + \sqrt{3} - 1, \quad q_3 = \lfloor x_3 \rfloor = 2$$

$$x_4 = \frac{1}{x_3 - q_3} = \frac{1}{\sqrt{3} - 1} = \frac{\sqrt{3} + 1}{2} = 1 + \frac{\sqrt{3} - 1}{2}, \quad q_4 = \lfloor x_4 \rfloor = 1$$

可见 $x_4 = x_2$，后面的计算将形成循环。所以

$$\sqrt{3} = [1,1,2,1,2,1,2\cdots] = [1,\overline{1,2}]$$

11.2.2 连分数的性质

定理 11.2.1 设 $b_0,b_1,b_2,\cdots$ 是无穷实数列，其中 $b_i > 0 (i=0,1,2,\cdots)$。则对任意的 $n \geqslant 1, r \geqslant 1$，有

$$[b_0,b_1,\cdots,b_{n+r}] = [b_0,b_1,\cdots,b_{n-1},[b_n,\cdots,b_{n+r}]]$$
$$= \left[b_0,b_1,\cdots,b_{n-1},b_n + \frac{1}{[b_{n+1},\cdots,b_{n+r}]}\right]$$

该结论直接由连分数的性质即得。

定理 11.2.2 设 $b_0,b_1,b_2,\cdots$ 是无穷实数列，其中 $b_i > 0 (i=0,1,2,\cdots)$。又设

$$A_{-2} = 0, \quad B_{-2} = 1$$
$$A_{-1} = 1, \quad B_{-1} = 0$$
$$\vdots$$
$$A_n = b_n A_{n-1} + A_{n-2}, \quad B_n = b_n B_{n-1} + B_{n-2} \qquad (11.2.1)$$

则

(1) $[b_0,b_1,\cdots,b_n] = \dfrac{A_n}{B_n}, n \geqslant 0$。 $\qquad\qquad\qquad (11.2.2)$

(2) $A_{n-1}B_n - A_n B_{n-1} = (-1)^n$。 $\qquad\qquad\qquad (11.2.3)$

证明

(1) 对 n 用归纳法。

当 $n=0$ 时，$A_0 = b_0, B_0 = 1$，式(11.2.2)成立。

设 $n=k$ 时，式(11.2.2)成立。

当 $n=k+1$ 时，由定理 11.2.1 得

$$[b_0,b_1,\cdots,b_k,b_{k+1}] = \left[b_0,b_1,\cdots,b_k + \frac{1}{b_{k+1}}\right] = \frac{\left(b_k + \dfrac{1}{b_{k+1}}\right)A_{k-1} + A_{k-2}}{\left(b_k + \dfrac{1}{b_{k+1}}\right)B_{k-1} + B_{k-2}}$$

$$= \frac{b_k A_{k-1} + A_{k-2} + \dfrac{A_{k-1}}{b_{k+1}}}{b_k B_{k-1} + B_{k-2} + \dfrac{B_{k-1}}{b_{k+1}}} = \frac{A_k + \dfrac{A_{k-1}}{b_{k+1}}}{B_k + \dfrac{B_{k-1}}{b_{k+1}}}$$

$$= \frac{b_{k+1}A_k + A_{k-1}}{b_{k+1}B_k + B_{k-1}} = \frac{A_{k+1}}{B_{k+1}}$$

(2) 仍然对 n 用归纳法。

当 $n=0$ 时，$A_{-1}B_0 - A_0 B_{-1} = 1 \cdot 1 - b_0 \cdot 0 = 1$，式(11.2.3)成立。

设 $n=k$ 时，式(11.2.3)成立。

当 $n=k+1$ 时，

$$A_k B_{k+1} - A_{k+1} B_k = A_k (b_{k+1} B_k + B_{k-1}) - (b_{k+1} A_k + A_{k-1}) B_k$$
$$= -(A_{k-1} B_k - A_k B_{k-1}) = -(-1)^k = (-1)^{k+1}$$

证毕。

例 11.2.3 求 $\sqrt{69}$ 的无限连分数。

解 $x_0 = \sqrt{69}, 8 < \sqrt{69} < 9, b_0 = \lfloor x_0 \rfloor = 8$

$$x_1 = \frac{1}{x_0 - b_0} = \frac{1}{\sqrt{69} - 8} = \frac{\sqrt{69} + 8}{5} = 3 + \frac{\sqrt{69} - 7}{5}, \quad b_1 = \lfloor x_1 \rfloor = 3$$

$$x_2 = \frac{1}{x_1 - b_1} = \frac{1}{\frac{\sqrt{69} - 7}{5}} = \frac{5(\sqrt{69} + 7)}{20} = \frac{\sqrt{69} + 7}{4} = 3 + \frac{\sqrt{69} - 5}{4},$$

$$b_2 = \lfloor x_2 \rfloor = 3$$

$$x_3 = \frac{1}{x_2 - b_2} = \frac{1}{\frac{\sqrt{69} - 5}{4}} = \cdots = 1 + \frac{\sqrt{69} - 6}{11}, \quad b_3 = \lfloor x_3 \rfloor = 3$$

$$x_4 = \frac{1}{x_3 - b_3} = \frac{1}{\frac{\sqrt{69} - 6}{11}} = \cdots = 4 + \frac{\sqrt{69} - 6}{3}, \quad b_4 = \lfloor x_4 \rfloor = 4$$

$$x_5 = \frac{1}{x_4 - b_4} = \frac{1}{\frac{\sqrt{69} - 5}{3}} = \cdots = 1 + \frac{\sqrt{69} - 5}{11}, \quad b_5 = \lfloor x_5 \rfloor = 1$$

$$x_6 = \frac{1}{x_5 - b_5} = \frac{1}{\frac{\sqrt{69} - 5}{11}} = \cdots = 3 + \frac{\sqrt{69} - 7}{4}, \quad b_6 = \lfloor x_6 \rfloor = 3$$

$$x_7 = \frac{1}{x_6 - b_6} = \frac{1}{\frac{\sqrt{69} - 7}{4}} = \cdots = 3 + \frac{\sqrt{69} - 8}{5}, \quad b_7 = \lfloor x_7 \rfloor = 3$$

$$x_8 = \frac{1}{x_7 - b_7} = \frac{1}{\frac{\sqrt{69} - 8}{5}} = \cdots = 16 + (\sqrt{69} - 8), \quad b_8 = \lfloor x_8 \rfloor = 16$$

$$x_9 = \frac{1}{x_8 - b_8} = \frac{1}{\sqrt{69} - 8} = \cdots = 3 + \frac{\sqrt{69} - 7}{5}$$

因为 $x_9 = x_1$，后面的计算将形成循环，所以 $\sqrt{69} = [8 \overline{333413316}]$。

观察 $\sqrt{69}$ 的计算过程，可将每一步中的 x_i 写成

$$x_i = \frac{1}{\frac{\sqrt{N} - P_i}{Q_{i-1}}} = \frac{\sqrt{N} + P_i}{Q_i} = b_i + \frac{\sqrt{N} - P_{i+1}}{Q_i} \tag{11.2.4}$$

其中，

$$b_i = \lfloor x_i \rfloor = \left\lfloor \frac{\sqrt{N} + P_i}{Q_i} \right\rfloor, \quad P_{i+1} = b_i Q_i - P_i$$

定理 11.2.3 式(11.2.1)定义的 A_n、B_n 和式(11.2.4)定义的 Q_n 满足

$$A_{n-1}^2 - NB_{n-1}^2 = (-1)^n Q_n$$

证明 由定理 11.2.2,有

$$\sqrt{N} = \frac{A_n}{B_n} = \frac{b_n A_{n-1} + A_{n-2}}{b_n B_{n-1} + B_{n-2}}$$

将 $b_n = \dfrac{\sqrt{N} + P_n}{Q_n}$ 代入上式,得

$$\sqrt{N} = \frac{Q_n A_{n-2} + P_n A_{n-1} + A_{n-1}\sqrt{N}}{Q_n B_{n-2} + P_n B_{n-1} + B_{n-1}\sqrt{N}}$$

即

$$(Q_n B_{n-2} + P_n B_{n-1})\sqrt{N} + NB_{n-1} = Q_n A_{n-2} + P_n A_{n-1} + A_{n-1}\sqrt{N}$$

假定 N 不是完全平方,即 $\sqrt{N}$ 是无理数,比较等式两边的项得

$$\begin{cases} Q_n A_{n-2} + P_n A_{n-1} = NB_{n-1} \\ Q_n B_{n-2} + P_n B_{n-1} = A_{n-1} \end{cases}$$

消去 P_n,得

$$NB_{n-1}^2 - A_{n-1}^2 = (A_{n-2}B_{n-1} - A_{n-1}B_{n-2})Q_n$$

即

$$NB_{n-1}^2 - A_{n-1}^2 = (-1)^{n-1}Q_n$$

$$A_{n-1}^2 - NB_{n-1}^2 = (-1)^n Q_n$$

证毕。

由 b_i、P_i、Q_i 的选取可知

$$P_i \leqslant \sqrt{N}, \quad Q_i = \frac{P_i + P_{i+1}}{b_i} \leqslant \frac{2\sqrt{N}}{b_i} \leqslant 2\sqrt{N}$$

11.2.3 连分数分解法

整数的连分数分解法简记为 CFRAC(Continued FRACtion)。首先寻找一系列二次剩余同余方程 $X^2 \equiv r \bmod N$,其中 r 较小,特别地 $r = O(\sqrt{N})$。然后用 11.1 节的方法,将一系列同余式相乘,得到形如 $x^2 \equiv y^2 \bmod N$ 的同余式。

下面考虑如何寻找同余式 $X^2 \equiv r \bmod N$。

如果 N 是完全平方,则 N 的分解很容易。否则 $\sqrt{N}$ 是无理数,由定理 11.2.3,$A_{n-1}^2 \equiv (-1)^n Q_n \bmod N$,即得到一系列二次剩余同余方程,其中 $Q_n \leqslant 2\sqrt{N}$。所以通过 $\sqrt{N}$ 的连分数,可快速地提供一系列二次剩余方程。然而,类似于 Fermat 法,只有对某个因子基 FB 平滑的 Q_n 才能保证分解成功,其他的 Q_n 则被舍弃。

例 11.2.4 分解 $N = 1037$。

解 $\sqrt{N} = [32, \overline{4, 1, 15, 3, 3, 15, 1, 4, 64}]$,$\dfrac{A_{n-1}}{B_{n-1}}$ 及 $A_{n-1}^2 - NB_{n-1}^2 = (-1)^n Q_n$ 的前 10 项如表 11.2.1 所示。

表 11.2.1　$\dfrac{A_{n-1}}{B_{n-1}}$ 及 $A_{n-1}^2-NB_{n-1}^2=(-1)^n Q_n$ 的前 10 项

$\dfrac{A_{n-1}}{B_{n-1}}$	$A_{n-1}^2-NB_{n-1}^2$	$\dfrac{A_{n-1}}{B_{n-1}}$	$A_{n-1}^2-NB_{n-1}^2$
$\dfrac{32}{1}$	$-13=-13$	$\dfrac{25\ 923}{805}\equiv\dfrac{1035}{805}$	$4=2^2$
$\dfrac{129}{4}$	$49=7^2$	$\dfrac{396\ 688}{12\ 317}\equiv\dfrac{504}{910}$	$-49=-7^2$
$\dfrac{161}{5}$	$-4=-2^2$	$\dfrac{422\ 561}{13\ 122}\equiv\dfrac{502}{678}$	$13=13$
$\dfrac{2544}{79}\equiv\dfrac{470}{79}$	$19=19$	$\dfrac{2\ 086\ 882}{64\ 805}\equiv\dfrac{438}{511}$	$-1=-1$
$\dfrac{7793}{242}\equiv\dfrac{535}{242}$	$-19=-19$	$\dfrac{133\ 983\ 009}{4\ 160\ 642}\equiv\dfrac{535}{198}$	$13=13$

其中，在 $\dfrac{A_{n-1}}{B_{n-1}}$ 的计算中分子分母同时模 1037。

由第 2 行得

$$129^2\equiv 7^2 \bmod 1037$$

得两个因子：

$$(129\pm 7,1037)$$

分别为 17 和 61。

由第 6 行得

$$1035^2\equiv 2^2 \bmod 1037$$

得两个因子：

$$(1035\pm 2,1037)$$

分别为 1037 和 1。

由第 2 行和第 6 行相乘得

$$129^2\cdot 1035^2\equiv 7^2\cdot 2^2 \bmod 1037$$

得两个因子：

$$(1037,129\cdot 1035\pm 7\cdot 2)$$

分别为 61 和 17。

由第 3 行和第 7 行相乘得

$$161^2\cdot 504^2\equiv (-1)^2\cdot 2^2\cdot 7^2 \bmod 1037$$

得两个因子：

$$(1037,161\cdot 504\pm 2\cdot 7)$$

分别为 17 和 61。

由第 8 行和第 10 行相乘得

$$502^2\cdot 535^2\equiv 13^2 \bmod 1037$$

得两个因子：

$$(1037,502\cdot 535\pm 13)$$

分别为 1037 和 1。

可见,5 种选法中有 3 种产生了 1037 的非平凡因子 17 和 61。

11.3　筛法

在连分数分解法中,要寻找一系列二次同余方程 $A_{n-1}^2 \equiv (-1)^n Q_n \bmod N$,然后用因子基 FB 的每一因子试除 Q_n,以检验 Q_n 是否为平滑的。筛法则避免了用 FB 中每一因子去试除 Q_n。

设 $f(x) \in \mathbf{Z}[x]$ 是整系数多项式,p 是素数,$k \in \mathbf{N}$,由 $f(x+kp) \equiv f(x) \bmod p$,如果 $p \mid f(x)$,那么 $p \mid f(x+kp)$。因此,满足 $p \mid f(x)$ 的 x 形成一个等差数列。

11.3.1　二次筛法

筛法是选择一个函数 $F(x) = x^2 \in \mathbf{Z}[x]$,其中 x 在 $\lfloor \sqrt{N} \rfloor$ 附近取值,得到一系列同余方程 $F(x) \equiv (F(x)-N) \bmod N$,$x$ 在 $\lfloor \sqrt{N} \rfloor$ 附近取值时,$F(x)$ 在 N 附近取值,因此 $(F(x)-N) \bmod N$ 取值较小。称 x 的取值区间 $[\lfloor \sqrt{N} \rfloor - M, \lfloor \sqrt{N} \rfloor + M]$ 为筛区间。

$F(x)-N \in \mathbf{Z}[x]$ 在分解时避免了使用试除法。若 $F(x)-N$ 有因子 p,则 $F(x)-N \equiv 0 \bmod p$,即 $x^2 \equiv N \bmod p$,因此 Legendre 符号 $\left(\dfrac{N}{p}\right) = 1$。反之,若 $\left(\dfrac{N}{p}\right) = 1$,则 $F(x)-N$ 有因子 p。筛法使用 Legendre 符号避免了试除法。

例 11.3.1　分解 $N = 2041$。

解　$\lfloor \sqrt{N} \rfloor = 45$,定义 $F(x) = x^2$。

在 45 附近取值,例如 $x = 43$,则由 $F(x) \equiv (F(x)-N) \bmod N$ 得
$$43^2 \equiv -192 \bmod N \equiv -2^6 \cdot 3 \bmod N$$
类似地,得
$$44^2 \equiv -3 \cdot 5 \cdot 7 \bmod N, \quad 45^2 \equiv -2^4 \bmod N, \quad 46^2 \equiv 3 \cdot 5^3 \bmod N$$
例如,取 $43^2, 45^2, 46^2$,得
$$(43 \cdot 45 \cdot 46)^2 \equiv (-1)^2 \cdot 2^{10} \cdot 3^2 \cdot 5^2 \bmod N = (2^5 \cdot 3 \cdot 5)^2 \bmod N$$
得到以下两个因子:
$$(2041, 43 \cdot 45 \cdot 46 + 2^5 \cdot 3 \cdot 5) = 157, \quad (2041, 43 \cdot 45 \cdot 46 - 2^5 \cdot 3 \cdot 5) = 13$$

11.3.2　多重多项式的二次筛法

多重多项式是在二次筛法中选取多个形如 $g(x) = a^2 x^2 + bx + c$ 的多项式,目的是使得筛区间更小,从而使 $Q(x)$ 的值更小,进一步则使得 $g(x)$ 的值在因子基上为完全平方的比率更大。

$g(x)$ 的系数选择过程如下:首先选奇素数 a。如果 $N \equiv 1 \bmod 4$,取 $k = 1$;如果 $N \equiv 3 \bmod 4$,则取 $k = 4$。因此 kN 是模 a 的二次剩余。

令 $b^2 \equiv kN \bmod a$,解出 b。再令 $b^2 - 4a^2 c = kN$,解出 c,即可得到
$$g(x) = a^2 x^2 + bx + c$$
进一步得到

$$g(x) = \left(ax + \frac{b}{2a}\right)^2 - \frac{b^2 - 4a^2c}{4a^2} \equiv \left(ax + \frac{b}{2a}\right)^2 \bmod N$$

这就是要找的二次剩余同余方程。$g(x)$ 确定后,由筛法确定 x 使得 $g(x)$ 是平滑的。

若在二次筛法中,筛区间为 $[\lfloor\sqrt{N}\rfloor - M, \lfloor\sqrt{N}\rfloor + M]$,需要在 $2M$ 个值中进行筛选。若每个 $g(x)$ 的筛区间为 $[\lfloor\sqrt{N}\rfloor - M_0, \lfloor\sqrt{N}\rfloor + M_0]$,需要在 $2M_0$ 个值中筛选,这样的 $g(x)$ 共需 $\frac{M}{M_0}$ 个,而且对每个 $g(x)$ 进行筛选时可并行地进行。

11.4　Pollard 法

11.4.1　Pollard Rho 法

设 N 是要分解的整数。随机取整数 $x_0 \in [0, N-1]$,计算 $x_i \equiv f(x_{i-1}) \bmod N$,形成序列 $x_1, x_2, x_3, \cdots$。其中,$f(x) \in \mathbf{Z}[x]$ 为整系数多项式,通常可简单地取为 $f(x) = x^2 \pm a$,其中 $a \neq -2, 0$。

设 d 是 N 的一个非平凡因子,可假定 $d \ll N$。序列 $x_1, x_2, x_3, \cdots$ 在模 d 下可能出现重复,设 $x_i \equiv x_j \bmod d$,但 $x_i \not\equiv x_j \bmod N$,因此 $d \mid x_i - x_j$,$N \nmid x_i - x_j$,所以 $(x_i - x_j, N)$ 是 N 的一个非平凡因子。但最初并不知道 d,而且也不需要知道。

例 11.4.1　$N = 1387 = 19 \cdot 73$,取 $f(x) = x^2 - 1$,$x_0 = 2$,得序列 $2, 3, 8, 63, 1194, 1186, 177, 814, 996, 310, 396, 84, 120, 529, 1053, 595, 339, 1186, \cdots$,得

$$(x_1 - x_0, N) = (3 - 2, 1387) = 1$$
$$(x_2 - x_1, N) = (8 - 3, 1387) = 1$$
$$(x_2 - x_0, N) = (8 - 2, 1387) = 1$$
$$(x_3 - x_2, N) = (63 - 8, 1387) = 1$$
$$(x_3 - x_1, N) = (63 - 3, 1387) = 1$$
$$(x_3 - x_0, N) = (63 - 2, 1387) = 1$$
$$(x_4 - x_3, N) = (1194 - 63, 1387) = 1$$
$$(x_4 - x_2, N) = (1194 - 8, 1387) = 1$$
$$(x_4 - x_1, N) = (1194 - 3, 1387) = 1$$
$$(x_4 - x_0, N) = (1194 - 2, 1387) = 1$$
$$(x_5 - x_4, N) = (1186 - 1194, 1387) = 1$$
$$(x_5 - x_3, N) = (1186 - 63, 1387) = 1$$
$$(x_5 - x_2, N) = (1186 - 8, 1387) = 19$$

通过 13 次比较,得 N 的一个因子 19,为了减少比较的次数,对每个 x_i,只需和 x_{2i} 比较,因此上述过程简化为

$$(x_2 - x_1, N) = (8 - 3, 1387) = 1$$
$$(x_4 - x_2, N) = (1194 - 8, 1387) = 1$$
$$(x_6 - x_3, N) = (177 - 63, 1387) = 19$$

只需 3 次比较,即得 N 的一个因子 19。

但是,实际上在求 x_{2i} 时,并不需要它之前的所有值 $x_i,x_{i+1},\cdots,x_{2i-1}$。设 $y_i=x_{2i}$,$y_0=x_0$,则

$$y_1=x_2=f(x_1)=f(f(x_0))=f(f(y_0))$$
$$y_2=x_4=f(x_3)=f(f(x_2))=f(f(y_1))$$
$$y_3=x_6=f(x_5)=f(f(x_4))=f(f(y_2))$$
$$\vdots$$
$$y_i=x_{2i}=f(f(x_{2i-1}))=f(f(f(x_{2i-2})))=f(f(y_{i-1}))$$

因此,在每步比较时,只需两个值 $x_i=f(x_{i-1})$,$y_i=f(f(y_{i-1}))$,然后求 (y_i-x_i,N)。

例如,在上例中:

$x_0=y_0=2$

$x_1=3$,　$y_1=f(f(y_0))=8$,　$(y_1-x_1)=(8-3,1387)=1$

$x_2=8$,　$y_2=f(f(y_1))=1194$,　$(y_2-x_2)=(1194-8,1387)=1$

$x_3=63$,　$y_3=f(f(y_2))=177$,　$(y_3-x_3,1387)=(177-63,1387)=19$

11.4.2　$P-1$ 法

$P-1$ 法基于 Fermat 定理,设素数 p 为 N 的因子,M 是整数,满足 $p-1|M$。选 $a<N$,使得 $(a,N)=1$,那么 $a^M\equiv1\bmod p$,因此 $p|(a^M-1,N)$ 为 N 的因子。M 选为一些小素数(设界为 B)或小素数因子的乘积,例如 $M=[1,2,\cdots,B]$(最小公倍数)或 $M=B!$。

例 11.4.2　分解 $N=540\,143$。

解　选 $B=8,M=2^3\cdot3\cdot5\cdot7=840$,选 $a=2$,则 $(a,N)=1$ 且
$$a^M-1=2^{840}-1\equiv53\,046\bmod540\,143$$
$(53\,046,540\,143)=421$ 即为 $540\,143$ 的一个因子。

$P-1$ 法的修改:修改法允许 $P-1$ 有超过 B 的素因子,如果这个素因子不是太大的话。设素数 p 为 N 的因子,M 和 a 的取法如上,设 $p-1\equiv mq$,其中 $m|M,A=a^M\bmod N$,由 Fermat 定理,有
$$A^q=(a^M)^q=(a^{mq})^{\frac{M}{m}}=(a^{p-1})^{\frac{M}{m}}\equiv1\bmod p$$
所以 $p|(A^q-1,N)$。

但实际上 q 是未知的,为此可建立两个表,一个存入所有的 $A^{n_1}\bmod N$,另一个存入 $A^{n_2}\bmod N$,由两个表的所有值对求 $(A^{n_1}-A^{n_2},N)$,即为 p,这是因为若 $q|n_1-n_2$,则 $p|A^{n_1}-A^{n_2}$。

11.4.3　$P+1$ 法

在 $P-1$ 法中,当 $p-1$ 足够平滑时,可求出 N 的因子 p。但如果 $p-1$ 有大因子时,例如 $p-1=2q$(q 为素数),$P-1$ 法失败。

$P+1$ 法要求 $p+1$ 是平滑的,运算在 $\mathrm{GF}(p^2)$ 上进行,其中特征为 p,有 p^2 个元素。

设整数 P 使得 P^2-4 是模 p 的二次非剩余,取 $f(x)=x^2-Px+1$。可验证,若 α 是

$f(x)$ 的根，则 α^{-1} 也是，满足 $\alpha+\alpha^{-1}=P$。由于 $P^p\equiv P\bmod p$，所以

$$f(\alpha^p) = \alpha^{2p} - P\alpha^p + 1 = (\alpha^2 - P\alpha + 1)^p = f(\alpha)^p = 0$$

即 α^p 也是 $f(x)$ 的根。但 $f(x)$ 仅有两个根，一定有 $\alpha^p=\alpha$ 或 $\alpha^p=\alpha^{-1}$。如果 $\alpha^p=\alpha$，则由定理 9.1.4，$\alpha\in\mathrm{GF}(p)$，且

$$P^2 - 4 = (\alpha + \alpha^{-1})^2 - 4 = (\alpha - \alpha^{-1})^2$$

即 P^2-4 是模 p 的二次剩余，矛盾。

所以必有 $\alpha^p=\alpha^{-1}$，即 $\alpha^{p+1}\equiv 1\bmod p$。所以 $p\mid(\alpha^{p+1}-1,N)$。

下面类似于 $P-1$ 法，建立 $\alpha^{n_1}\bmod N$ 和 $\alpha^{n_2}\bmod N$ 两个表，由表中两两求值得 $(\alpha^{n_1}-\alpha^{n_2},N)$。

当 p 未知时，无法事先判断 P^2-4 是否为模 p 的二次剩余。如果取 3 个随机的 P，则有 87.5% 的机会至少可以有一个 P^2-4 是模 p 的二次非剩余。如果 P^2-4 是模 p 的二次剩余，则 $\alpha^p=\alpha$，$\alpha^{p-1}\equiv 1\bmod p$，变为 $P-1$ 法。

11.4.4　椭圆曲线法

椭圆曲线法是 $P-1$ 法在椭圆曲线上的实现，其中将 $P-1$ 法中的 $a^M\equiv 1\bmod p$ 改为椭圆曲线上的倍点运算 $kP=O$。

设 $2\nmid N$，$3\nmid N$，随机地选择 $a,x,y\in\mathbf{Z}_N$，计算 $b=y^2-x^3-ax$，若 $(4a^3+27b^2,N)\neq 1$，则重新选择，直到得到椭圆曲线 $y^2=x^3+ax+b$ 及其上一点 $E(x,y)$。

选择 k 是一些小素数（设界为 B）或小素数因子的乘积，例如 $k=[1,2,\cdots,B]$ 或 $k=B!$。

按照 $kP=(k-1)P+P$ 计算 kP，设 $P=(x_1,y_1)$，$(k-1)P=(x_2,y_2)$，则

$$kP = (x_3,y_3) = (\lambda^2 - x_1 - x_2\,(\bmod N),\ \lambda(x_1-x_3) - y_1\,(\bmod N))$$

其中，

$$\lambda = \begin{cases} \dfrac{m_1}{m_2} \equiv \dfrac{3x_1^2+a}{2y_1} \bmod N, & (k-1)P = P \\[3mm] \dfrac{m_1}{m_2} \equiv \dfrac{y_1-y_2}{x_1-x_2} \bmod N, & (k-1)P \neq P \end{cases}$$

若 $(m_2,N)\neq 1$，即 $m_2^{-1}\bmod N$ 不存在，则 $kP=O$。

由此得到 (m_2,N)，即为 N 的因子。

例 11.4.3　分解 $N=187$。

解　选 $B=3$，$k=[1,2,3]=6$，设 $P=(0,5)$，椭圆曲线为 $y^2=x^3+x+25$，满足 $(4a^3+27b^2,N)=(16\,879,187)=1$。

因为 $k=6=110_2$，计算 $6P=2(P+2P)$。其中 $2P=P+P=(0,5)+(0,5)$。

$$\lambda = \frac{m_1}{m_2} = \frac{1}{10} \equiv 131\bmod 187, \quad x_3 \equiv 144\bmod 187, \quad y_3 \equiv 18\bmod 187$$

所以 $2P=(144,18)$。

计算 $3P=P+2P=(0,5)+(144,18)$。

$$\lambda = \frac{m_1}{m_2} = \frac{13}{144} \equiv 178\bmod 187, \quad x_3 \equiv 124\bmod 187, \quad y_3 \equiv 176\bmod 187$$

所以 $3P = (124, 176)$。

计算 $6P = 2(3P) = 3P + 3P = (124, 176) + (124, 176)$。

$$\lambda = \frac{m_1}{m_2} = \frac{46\,129}{352} \equiv \frac{127}{165} \bmod 187 \equiv 0 \bmod 187$$

$$m_2 = 165, \quad (m_2, N) = (165, 187) = 11$$

即为 187 的一个因子。

 习 题

1. 设因子基 FB $= \{-1, 2, 3, 5\}$，用 Fermat 法分解 $n = 2004$。

2. 用连分数法分解 $N = 1711$。

3. 用二次筛法分解 $N = 1711$。

4. 选 $B = 5$，用 $P-1$ 法分解 $N = 1711$。

5. 选取椭圆曲线 $y^2 = x^3 - x + 1$ 和其上一点 $P_0 = (0, 1)$，用椭圆曲线法分解 $N = 1711$。

153

第 12 章　离散对数

12.1　大步小步法

12.1.1　Shanks 的大步小步法

离散对数问题是指已知 $g,h,p \in N$，求 x，使得 $g^x \equiv h \bmod p$，记 $x \equiv \log_g h \bmod (p-1)$。

设 G 是阶为 p 的循环群，g 是 G 的生成元，$h \in G$。求 x 的最直接的方法是求模 p 下 g 的各次幂，直到得 h 为止。例如，求 $x \equiv \log_2 15 \bmod 18$，对 $x=0,1,2,\cdots,17$，求 $2^x \bmod 19$，结果如表 12.1.1 所示。由于 $x=11$ 时就得到结果了，所以表 12.1.1 中只列出了 $x=0,1,2,\cdots,11$ 的计算结果。

表 12.1.1　$2^x \bmod 19$ 的值

x	0	1	2	3	4	5	6	7	8	9	11
$2^x \bmod 19$	1	2	4	8	16	13	7	14	9	17	15

由 $2^{11} \equiv 15 \bmod 19$ 得 $\log_2 15 \equiv 11 \bmod 18$。

显然，当 p 很大时，该方法无效。

大步小步法由 Shanks 于 1973 年提出，其思想如下：设 $m = \lfloor \sqrt{p} \rfloor$，设 $x \equiv \log_g h \bmod (p-1)$，则存在 $1 \le q \le m, 0 \le r \le m-1$，使得 $x=qm+r$。这时 $g^x \equiv h \bmod p$ 变为 $(g^m)^q g^r \equiv h \bmod p$，即

$$(g^m)^q \equiv hg^{-r} \bmod p \tag{12.1.1}$$

对所有的 $q(1 \le q \le m)$，求 $(g^m)^q \bmod p$，放在列表 $G = \{((g^m)^q, q) \mid 1 \le q \le m\}$ 中，并按 $(g^m)^q$ 对 G 进行排序。

对所有的 $r(0 \le r < m)$，求 $hg^{-r} \bmod p$，放在列表 $B = \{(hg^{-r}, r) \mid 0 \le r \le m-1\}$ 中，并按 hg^{-r} 对 B 排序。在 G、B 中找相等的项，如果得到相等的项，则得式(12.1.1)，并由对应的 q、r 得 $x=qm+r$。B 中的项小，称为小步；G 中的项大，称为大步。该方法由此得名。

两个表各存储了 $O(m)$ 项，排序时间复杂度为 $O(m \log m)$，所以该方法的空间复杂度和时间复杂度分别为 $O(\sqrt{p})$ 和 $O(\sqrt{p} \log p)$。

例 12.1.1　求 $\log_2 6 \bmod 18$。

解 设 $g=2, h=6, p=19$。

(1)

$$m=\lfloor\sqrt{19}\rfloor=4$$

(2)

$$
\begin{aligned}
G &= \{((g^4)^1,1),((g^4)^2,2),((g^4)^3,3),((g^4)^4,4)\}\\
&= \{(16,1),(9,2),(11,3),(5,4)\}\\
&= \{(5,4),(9,2),(11,3),(16,1)\}\\
B &= \{(h,0),(hg^{-1},1),(hg^{-2},2),(hg^{-3},3)\}\\
&= \{(6,0),(3,1),(11,2),(15,3)\}\\
&= \{(3,1),(6,0),(11,2),(15,3)\}
\end{aligned}
$$

(3) 在 G、B 中寻找相等的项，得 11，相应的 q 和 r 分别为 3 和 2，所以 $x=qm+r=14$，即

$$\log_2 6 \equiv 14 \bmod 18$$

12.1.2 Pollard Rho 算法

在 Pollard Rho 算法中，首先将 G 划分为大小近似相等的 3 个子集：

$$A_1 = \left\{ x \mid 0 < x < \frac{1}{3}p \right\}$$

$$A_2 = \left\{ x \mid \frac{1}{3}p < x < \frac{2}{3}p \right\}$$

$$A_3 = \left\{ x \mid \frac{2}{3}p < x < p \right\}$$

在 G 上定义映射 f：

$$f(b)=\begin{cases} gb, & b \in A_1\\ b^2, & b \in A_2\\ hb, & b \in A_3 \end{cases}$$

在 $\{1,2,\cdots,p\}$ 中随机取 x_0，计算 $b_0=g^{x_0} \bmod p$，由 $b_{i+1}=f(b_i) \bmod p$ 定义序列 $\{b_i\}$。对每个 i，可将 b_i 写成 $b_i \equiv g^{x_i}h^{y_i} \bmod p$，其中序列 $\{x_i\}$、$\{y_i\}$ 由以下关系给出：

初值：$x_0=0, y_0=0$

$$x_{i+1}=\begin{cases} (x_i+1) \bmod (p-1), & b_i \in A_1\\ 2x_i \bmod (p-1), & b_i \in A_2\\ x_i \bmod (p-1), & b_i \in A_3 \end{cases}$$

$$y_{i+1}=\begin{cases} y_i \bmod (p-1), & b_i \in A_1\\ 2y_i \bmod (p-1), & b_i \in A_2\\ (y_i+1) \bmod (p-1), & b_i \in A_3 \end{cases}$$

因 G 中元素有限，序列 $\{b_i\}$ 必将重复，即存在 $i \geq 0$，对任意 $k \geq 1$，有 $b_i=b_{i+k}$。因此，

$$g^{x_i}h^{y_i} \equiv g^{x_{i+k}}h^{y_{i+k}} \bmod p$$

得

$$x_i - x_{i+k} \equiv (y_{i+k}-y_i)\log_g h \bmod (p-1)$$

若 $(y_{i+k}-y_i)^{-1} \bmod (p-1)$ 存在,则

$$\log_g h \equiv (x_i - x_{i+k})(y_{i+k}-y_i)^{-1} \bmod (p-1)$$

若 $(y_{i+k}-y_i)^{-1} \bmod (p-1)$ 不存在,则重复上述过程。

算法的空间复杂度和时间复杂度分别是 $O(1)$ 和 $O(\sqrt{p})$。

12.2　Silver-Pohlig-Hellman 算法

Silver-Pohlig-Hellman 算法于 1978 年提出,该算法在有限域 GF(p) 上已知 $y = g^x \bmod p$,求 x,其中 g 是本原根。算法的计算复杂度是 $O(\log^2 p)$。

12.2.1　$p = 2^n+1$ 时的 Silver-Pohlig-Hellman 算法

设 x 的二进制表示是

$$x = \sum_{i=0}^{n-1} b_i 2^i$$

下面依次确定 $b_0,b_1,\cdots,b_{n-1}$。因为 g 是原根,

$$g^{\frac{p-1}{2}} \equiv -1 \bmod p$$

而

$$y^{\frac{p-1}{2}} \equiv (g^x)^{\frac{p-1}{2}} \bmod p \equiv (-1)^x \bmod p$$

所以,当 $y^{\frac{p-1}{2}} \equiv 1 \bmod p$ 时,$b_0=0$;当 $y^{\frac{p-1}{2}} \equiv -1 \bmod p$ 时,$b_0=1$。

下面确定 b_1,由 $z \equiv y g^{-b_0} \bmod p \equiv g^{x_1} \bmod p$,其中

$$x_1 = \sum_{i=1}^{n-1} b_i 2^i$$

显然,当且仅当 $b_1=0$ 时,x_1 是 4 的倍数;当 $b_1=1$ 时,x_1 是 2 的倍数,但不是 4 的倍数。所以当 $z^{\frac{p-1}{4}} \equiv 1 \bmod p$ 时,$b_1=0$;当 $z^{\frac{p-1}{4}} \equiv -1 \bmod p$ 时,$b_1=1$。

一般地,在求 b_i 时,由 $z \equiv g^{x_i} \bmod p$,其中 $x_i = \sum_{j=i}^{n-1} b_j 2^j$,得

$$z^{\frac{p-1}{2^{i+1}}} \equiv (g^{\frac{p-1}{2}})^{\frac{x_i}{2^i}} \bmod p \equiv (-1)^{\frac{x_i}{2^i}} \bmod p \equiv (-1)^{b_i} \bmod p$$

由 $z^{\frac{p-1}{2^{i+1}}} \equiv 1 \bmod p$ 得 $b_i=0$;由 $z^{\frac{p-1}{2^{i+1}}} \equiv -1 \bmod p$ 得 $b_i=1$。

12.2.2　任意素数时的 Silver-Pohlig-Hellman 算法

设 p 是任意素数,$p-1 = p_1^{n_1} p_2^{n_2} \cdots p_s^{n_s}$,其中 $p_i < p_{i+1}$。下面的算法先对每个 $i(1 \leq i \leq s)$ 求出 $x \bmod p_i^{n_i}$,再由中国剩余定理得 $x \bmod (p-1)$。

设

$$x \bmod p_i^{n_i} \equiv b_0 + b_1 p_i + b_2 p_i^2 + \cdots + b_{n_i-1} p_i^{n_i-1}$$

其中 $0 \leq b_j \leq p_i-1 (0 \leq j \leq n_i-1)$。下面依次确定 $b_0,b_1,b_2,\cdots,b_{n_i-1}$,由

$$y^{\frac{p-1}{p_i}} \equiv (g^x)^{\frac{p-1}{p_i}} \bmod p \equiv r_i^x \bmod p \equiv r_i^{b_0} \bmod p$$

其中 $r_i = g^{\frac{p-1}{p_i}}$ 是第 p_i 个单位原根，它有 p_i 个可能的值。为了确定 b_0，求 $r_i^1 \bmod p$，$r_i^2 \bmod p, \cdots, r_i^{p_i} \bmod p$，并和 $y^{\frac{p-1}{p_i}}$ 比较，若

$$r_i^j \equiv y^{\frac{p-1}{p_i}} \bmod p \quad (1 \leqslant j \leqslant p_i)$$

则 $b_0 = j$。

下面确定 b_1，由 $z \equiv y \cdot g^{-b_0} \bmod p \equiv g^{x_1} \bmod p$，其中，

$$x_1 = \sum_{j=1}^{n_i-1} b_j p_i^j$$

求

$$z^{\frac{p-1}{p_i^2}} \equiv (g^{x_1})^{\frac{p-1}{p_i^2}} \bmod p \equiv r_i^{\frac{x_1}{p_i}} \bmod p \equiv r_i^{b_1} \bmod p$$

其中，r_i 同上，b_1 的确定方法同上。

如此下去，即得 b_{n_i-1}，即 $x \bmod p_i^{n_i}$。

12.3 指标法

12.3.1 Adleman 的指标计算法

该方法是 Adleman 于 1979 年提出的。设 F_p 是有限域，$F_p^* = F_p - \{0\}$ 是其上的乘法群，其中 p 是大素数。已知 $g, h \in F_p^*$，求 x，使得 $h \equiv g^x \bmod p$。

算法如下：

(1) 选择因子集，记作 $F_r = \{2, 3, 5, 7, 11, \cdots, p_r\}$。

记 $<F_r>$ 是由 F_r 生成的乘法半群，即其中的元素为其素因子不超过 p_r 的整数。换句话说，$<F_r>$ 中的元素关于 $F_r = \{2, 3, 5, 7, 11, \cdots, p_r\}$ 是平滑的。

(2) 求 $g \bmod p, g^2 \bmod p, g^3 \bmod p, \cdots$，记 $g^j \equiv a_j \bmod p, j = 1, 2, 3, \cdots$。对每一 a_j，检查其是否在 $<F_r>$ 中，如果是，则记

$$a_j = \prod_{i=1}^{r} p_i^{e_i(j)} \tag{12.3.1}$$

其中 $p_i \in F_r, (1 \leqslant i \leqslant r)$。

由式(12.3.1)得

$$j \equiv \left(\sum_{i=1}^{r} e_i(j) \log_g p_i \right) \bmod (p-1) \tag{12.3.2}$$

继续这个过程，得 r 个形如式(12.3.2)的方程。联立这 r 个方程，解出 $\log_g p_1$，$\log_g p_2, \cdots, \log_g p_r$。

(3) 求 $b_0 \equiv h \bmod p, b_1 \equiv gh \bmod p, b_2 \equiv g^2 h \bmod p, \cdots$，直到找到一个 $b_j \in \langle F_r \rangle$，即

$$b_j = \prod_{i=1}^{r} (p_i^{f_i} \bmod p)$$

由此得

$$j + \log_g h \equiv \Big(\sum_{i=1}^{r} f_i \log_g p_i \Big) \bmod (p-1)$$

从而

$$\log_g h \equiv \Big(-j + \sum_{i=1}^{r} f_i \log_g p_i \Big) \bmod (p-1)$$

12.3.2　椭圆曲线上的指标计算

设 $E(F_p)$ 是系数在有限域 F_p 上的椭圆曲线,点 $P,Q \in E(F_p)$,求 k,使得 $Q=kP$。记 $k = \log_P Q \bmod (p-1)$。

算法如下:

(1) 在 $E(F_p)$ 上取 r 个点,记作 $F_r = \{p_1, p_2, \cdots, p_r\}$。

(2) 在 $E(F_p)$ 上计算 $P \bmod p, 2P \bmod p, 3P \bmod p, \cdots$,记 $S_j \equiv jP \bmod p$,将 S_j 写成 F_r 上点的线性组合,得

$$S_j = \sum_{i=1}^{r} n_i P_i \bmod p$$

由此得

$$j \equiv \Big(\sum_{i=1}^{r} n_i \log_P P_i \Big) \bmod (p-1)$$

继续这个过程,得 r 个关于 $\log_P P_i (i=1,2,\cdots,r)$ 的方程,联立这 r 个方程并解出 $\log_P P_1$, $\log_P P_2, \cdots, \log_P P_r$。

注:椭圆曲线上的点构成加法循环群,因此

$$\log_P (P_1 + P_2) = \log_P P_1 + \log_P P_2$$

(3) 求 $T_0 = Q, T_1 = P+Q, T_2 = 2P+Q, \cdots$,直到找到一个 T_j,使得

$$T_j = \sum_{i=1}^{r} m_i P_i$$

由此得

$$jP + Q = \sum_{i=1}^{r} m_i P_i$$

即

$$(j + \log_P Q) \equiv \Big(\sum_{i=1}^{r} m_i \log_P P_i \Big) \bmod (p-1)$$

所以

$$\log_P Q \equiv \Big(-j + \sum_{i=1}^{r} m_i \log_P P_i \Big) \bmod (p-1)$$

习　题

1. 用大步小步法计算 $\log_3^5 \bmod 28$ 和 $\log_5^{96} \bmod 316$。

2. 用 Silver-Pohlig-Hellman 算法计算 $\log_2^{62} \bmod 180$。

3. 用指标法计算 $\log_{11}^{15} \bmod 40$。

参 考 文 献

[1] 杨波. 现代密码学[M]. 4 版. 北京：清华大学出版社,2017.

[2] Yan S Y. Number Theory for Computing[M]. 2nd ed. London：Springer-Verlag, 2002.

[3] Knuth D E. The Art of Computer Programming：Ⅱ Seminumerical Algorithms[M]. 3rd ed. Upper Saddle River：Addison-Wesley, 1998.

[4] 潘承洞,潘承彪. 简明数论[M]. 北京：北京大学出版社,1998.

[5] 潘承洞,潘承彪. 初等数论[M]. 3 版. 北京：北京大学出版社,2013.

[6] 陈恭亮. 信息安全数学基础[M]. 2 版. 北京：清华大学出版社,2014.

[7] 谢敏. 信息安全数学基础[M]. 西安：西安电子科技大学出版社,2006.

[8] 李超,付绍静. 信息安全数学基础[M]. 北京：电子工业出版社,2015.

[9] 贾春福. 信息安全数学基础[M]. 北京：机械工业出版社,2017.

[10] 姜正涛. 信息安全数学基础[M]. 北京：电子工业出版社,2017.

[11] 方世昌. 离散数学[M]. 3 版. 西安：西安电子科技大学出版社,2009.

[12] 王新梅,肖国镇. 纠错码——原理与方法[M]. 西安：西安电子科技大学出版社,1991.

[13] McEliece R. Finite Fields for Computer Scientists and Engineers[M]. Kluwer Academic Publishers, 1987.

[14] Shoup V. A Computational Introduction to Number Theory and Algebra[M]. 2nd ed, Cambridge：Cambridge University Press, 2008.

[15] Adleman L M. A Subexponential Algorithm for the Discrete Logarithm Problem with Applications to Cryptography[C]. 20th Annual Symposium on Foundations of Computer Science, October 29-31, 1979, San Juan, Puerto Rico.

[16] Adleman L M, Huang M D. Primality Testing and Two Dimensional Abelian Varieties over Finite Fields[M]. London：Springer-Verlag, 1992.

[17] Lehmann D. On primality tests[J]. SIAM Journal on Computing, 1982, 11：374-375.

[18] Pollard J M. Monte Carlo Methods for Index Computation Mod p[J]. Mathematics of Computation, 1978, 32：918-924.

[19] Schirokauer O, Weber D, Denny T. Discrete Logarithms：The Effectiveness of the Index Calculus Method[C]. Proceedings of the 2nd International Symposium on Algorithmic Number Theory. London：Springer-Verlag, 1996：337-361.

图 书 资 源 支 持

感谢您一直以来对清华版图书的支持和爱护。为了配合本书的使用,本书提供配套的资源,有需求的读者请扫描下方的"书圈"微信公众号二维码,在图书专区下载,也可以拨打电话或发送电子邮件咨询。

如果您在使用本书的过程中遇到了什么问题,或者有相关图书出版计划,也请您发邮件告诉我们,以便我们更好地为您服务。

我们的联系方式:

清华大学出版社计算机与信息分社网站: https://www.shuimushuhui.com/

地　　　址:北京市海淀区双清路学研大厦 A 座 714

邮　　　编:100084

电　　　话:010-83470236　010-83470237

客服邮箱:2301891038@qq.com

QQ:2301891038(请写明您的单位和姓名)

资源下载: 关注公众号"书圈"下载配套资源。

资源下载、样书申请

书圈

图书案例

清华计算机学堂

观看课程直播